乡村振兴人才培养系列教材
图说现代农业高质量发展关键技术丛书

# 图说温室草莓栽培关键技术

于立杰　张振东　于强波　编著

中国农业大学出版社
·北京·

# 内容简介

本书从温室草莓栽培的生产实际入手，在实践经验的基础上，以图文结合的形式系统介绍了当前我国草莓栽培的关键技术，包括草莓品种选择及优良品种、草莓高标准种植技术、温室草莓周年管理技术、草莓常见病虫害的识别与防治四部分，此外，还重点介绍了草莓的高架无土栽培技术。本书文字简练，重点突出，介绍了草莓生产中的各项关键知识和技术，并以二维码形式插入了草莓管理视频和动画，便于草莓种植者学习和操作。本书非常适合广大草莓种植户、相关技术人员使用，也可供农林院校相关专业的师生参考。

**图书在版编目(CIP)数据**

图说温室草莓栽培关键技术/于立杰，张振东，于强波编著．--北京：中国农业大学出版社，2022.4(2025.3 重印)

ISBN 978-7-5655-2761-6

Ⅰ.①图…　Ⅱ.①于…②张…③于…　Ⅲ.①草莓－温室栽培－图解　Ⅳ.①S628.5-64

中国版本图书馆 CIP 数据核字(2022)第 061794 号

**书　　名**　图说温室草莓栽培关键技术

**作　　者**　于立杰　张振东　于强波　编著

| | | | |
|---|---|---|---|
| **策划编辑** | 林孝栋　康昊婷 | **责任编辑** | 康昊婷 |
| **封面设计** | 郑　川　李尘工作室 | | |
| **出版发行** | 中国农业大学出版社 | | |
| **社　　址** | 北京市海淀区圆明园西路 2 号 | **邮政编码** | 100193 |
| **电　　话** | 发行部 010-62733489，1190 | | 读者服务部 010-62732336 |
| | 编辑部 010-62732617，2618 | | 出　版　部 010-62733440 |
| **网　　址** | http://www.caupress.cn | **E-mail** | cbsszs@cau.edu.cn |
| **经　　销** | 新华书店 | | |
| **印　　刷** | 涿州市星河印刷有限公司 | | |
| **版　　次** | 2022 年 4 月第 1 版　　2025 年 3 月第 4 次印刷 | | |
| **规　　格** | 148 mm×210 mm　　32 开本　　4.25 印张　　160 千字 | | |
| **定　　价** | 29.80 元 | | |

**图书如有质量问题本社发行部负责调换**

# 辽宁农业职业技术学院园艺技术专业群
# 果树科普著作编委会成员

# 前　言

草莓果实色泽艳丽、柔软多汁、酸甜适口、香味浓郁、营养丰富，富含氨基酸、单糖、柠檬酸、苹果酸、果胶、多种维生素及钙、镁、磷、铁等矿物质元素，对人体的生长发育具有很好的促进作用，素有“水果皇后”“早春第一果”等美誉，草莓生长周期长，适宜范围广。

目前，在草莓栽培中提倡有机农业、生态农业，强调人与自然的关系，保护生态环境。在生产过程中，尽量少用合成化学肥料、农药、生长调节剂，依靠轮作、生草的绿肥、腐熟的家畜粪尿及秸秆还田来提供营养，加强栽培管理及多种生物综合措施来防治病虫害。我国于20世纪90年代提出加强“绿色食品”生产，所以当前的主要任务不仅是果实外观和内在品质优良，更重要的是减少果实农药残留问题。

本书从温室草莓栽培的生产实际入手，在实践经验的基础上，以图文结合的形式系统介绍了当前我国草莓栽培的关键技术，包括草莓品种选择及优良品种、草莓高标准种植技术、温室草莓周年管理技术、草莓常见病虫害的识别与防治四部分，此外，还重点介绍了草莓的高架无土栽培技术。本书文字简练，重点突出，介绍了草莓生产中的各项关键知识和技术，以二维码形式插入了草莓管理视频和动画，便于草莓种植者学习和操作。本书非常适合广大草莓种植户、相关技术人员使用，也可供农林院校相关专业的师生参考。

我们在总结多年草莓科研和生产实践经验的基础上，参考和查阅了大量的相关文献资料，实现了草莓鲜果周年供应的栽培管理技术。本书采用大量的实拍高清图片及示意图讲解，力求内容操作简单，技术先进，易读易懂。

本书所用药物及其使用剂量仅供读者参考，不可照搬。在实际生产中，所用药物学名、常用名与实际商品名称有差异，药物浓度也有所不同，建议读者在使用每一种药物之前，参阅厂家提供的产品说明书，科学使用。限于作者水平，本书有错误和不妥之处，敬请读者批评指正。

编著者

2022年2月

# 目录

## 第一章　草莓品种选择及优良品种



## 第二章　草莓高标准种植技术

# 第一章
Chapter 1

# 草莓品种选择及优良品种

## 一、我国草莓生产现状

### 1. 我国草莓栽培发展历史、现状和面积产量

我国野生草莓资源十分丰富，在大果型凤梨草莓传入我国前，我国各地只是采食野生草莓，生产上并未栽培，自大果型凤梨草莓引入我国后才开始有草莓的栽培。据记载，1915 年一个俄罗斯侨民从莫斯科引入 5 000 株“维多利亚”（*Victoria*，别名：“胜利”）草莓品种到黑龙江省亮子坡栽培，这是我国草莓栽培的开始。前期我国草莓生产基本没有得到发展，主要是引种试验或零星栽培。1949 年以后，我国草莓生产在大城市附近开始作为经济作物栽培，但在 20 世纪 50—70 年代，我国草莓栽培整体规模小、产量低，没有真正形成产业，栽培形式也以露地栽培为主。20 世纪 80 年代以后，随着我国经济的快速发展和人们对草莓认识的提高，我国的草莓产业得到了快速发展，从 1980 年到 1995 年全国草莓栽培面积从不到 700 $hm^2$ 增加到 3.67 万 $hm^2$，总产量从 3 000 t 增加到 37.5 万 t。到 2020 年我国草莓栽培总面积已突破 17.8 万 $hm^2$，成为草莓栽培面积最大的国家，总产量达到 500 多万 t，远超美国，稳居世界草莓生产第一。草莓品种多、结果早、见效快，生产技术容易掌握，再加上政府和科研部门的重视，目前我国草莓从黑龙江到海南岛，从江浙沿海到新疆内陆都能栽培。已经成为我国果树生产的一大亮点，是很多地区农民增收致富的重要途径。

目前，我国的草莓生产也形成了一些聚集度明显的主产区，如辽宁省丹东市、河北省满城县、山东省烟台市、四川省成都市双流区、江苏省句容市、浙江省建德市和诸暨市等，它们已成为全国各大市场草莓鲜果供应主要来源，而且在大城市的郊区，如北京市昌平区、上海市青浦区和奉贤区等地，也形成了很多观光采摘的示范园区（图 1-1）。

### 2. 我国草莓品种变迁

我国草莓栽培品种以引进为主，先后从国外引进了数百个品种。20 世纪 80 年代，“宝交早生”在我国各地的栽培面积最大，随后“全明星”成为华北、西北生产中主栽品种，东北地区以“戈雷拉”“全明星”“宝交早生”为主，中南部地区以“宝交早生”“春香”“丽红”“硕丰”为主。20 世纪 90 年代后，草莓的保护地栽培面积越来越大，在东北地区“弗吉利亚”应用得到了推广，后又被“吐德拉”和“鬼怒甘”取代。华北、华东及西北产区 20 世纪 90 年代以后，露地及半促成栽培仍以“全明星”“宝交早生”为主，而促成栽培则以日本的“丰香”“静香”等为主；特别是“丰香”成了主栽品种，占生产栽培面积的 20% 以上。2000 年以后，由于“丰香”易感白粉病，

图 1-1　草莓温室全景

“童子一号”“甜查理”“章姬”“红颜”“幸香”“达赛莱克特”“卡麦若莎”“枥乙女”的生产面积不断扩大,其中“红颜”成了很多地区尤其是保护地栽培的重要品种。加工品种则多以“哈尼”“森加森加拉”“达赛莱克特”“达善卡”为主。近20年来我国不少科研院所也开展了草莓的育种工作,培育出了不少有特色的品种,但由于综合性能较低,在生产中推广应用有限(图1-2)。

图 1-2　草莓果实(一)

## 二、如何科学地选择草莓品种？

不同的草莓品种，花芽分化需要的日照、温度以及休眠低温等方面均有不同，且不同的栽培方法要选择不同的草莓品种。对于促成栽培方法下品种选择的基本原则是，需要一些早熟种，且对花芽分化不那么敏感，休眠期短，长势好，耐寒，同时秧苗健壮花粉多，果实的大小基本整齐，很少有畸形果。最重要的就是品质好，产量高。而对于半促成栽培，则需要花芽分化较多，且果实形状较好，不用提前保温和结果，休眠时间长，产量高的品种。

根据草莓品种对日照反应的不同，可以将其分为短日照型、长日照型和中日照型品种。根据其对温度感应的不同，可以分为低温型、中温型和高温型品种。根据草莓的休眠特性，把草莓分为寒地型、暖地型和中间型三大类型，也可以称为北方型、南方型和中间型，这种分类方法最为实用。寒地型品种是指需要 5 ℃以下的积温在 1 000 h 以上才能打破休眠的品种；暖地型品种是指需要 5 ℃以下的积温在 50～150 h 通过休眠期的品种；中间型品种是指需要 5 ℃以下的积温在 200～750 h 通过休眠期的品种。

草莓生产中，主要用侧重于体现草莓经济价值的生物学性状来衡量栽培品种的优劣，包括物候期、果实经济性状、丰产性、稳定性、抗病虫害能力和抗逆性等。果实的经济性状，包括鲜食、加工和贮运品质，果实大小，整齐度，光洁度，颜色，果形，种子分布状况和髓心大小等外观性状（图 1-3）；此外，还有可溶性固形物含量，糖酸比，维生素 C 含量，果实硬度，果肉质地，果汁色泽，风味，有无香气等内在品质。

栽培草莓的目的不同，对优良品种的衡量标准也有所差异。但优良品种通常要求果实外形美观，整齐度好，可溶性固形物含量较高，糖酸比适中，果肉口感好，香味浓，产量高，较耐贮运，抗病虫及抗逆性较强等。从消费者的角度看，对良种草莓品质的要求是优质化。它主要指果面干净，即无病虫、无污染；还包括果实个大，即一级序果的平均单果重在 30 g 左右，最大单果重达 80 g；形状美，即果形整齐、果面平整、外观鲜红诱人；味道好，即甜酸适口、芳香浓郁、营养成分高（图 1-4）。当然，还要求果实硬度大，以利于贮运保鲜。

图 1-3　草莓果实（二）

图 1-4　草莓果实(三)

## 三、草莓的种类有哪些?

草莓属于蔷薇科(*Rosaceae*)草莓属(*Fragaria*)植物,主要分布于亚洲、欧洲和美洲。全世界草莓属植物有 50 种,其中只有 1 个种为栽培种,即凤梨草莓,其他种均处于野生、半野生状态。

我国栽培草莓历史较短,单位产量虽不大,但是野生草莓资源十分丰富,主要分布在东北、西北和西南地区,天山山脉、长白山山脉、大兴安岭、小兴安岭、秦岭山脉、青藏高原、云贵高原是天然的野生草莓基因库,蕴藏着种类和数量丰富的野生草莓。目前,中国自然分布的野生草莓种类有 11 个,此外,还有一个从国外引入的八倍体栽培种凤梨草莓(*F.* × *ananassa* Duch.)。11 个野生种包括 8 个二倍体种:森林草莓(*Fragaria vesca* L.)、黄毛草莓(*F. nilgerrensis* Schlecht.)、五叶草莓(*F. pentaphylla* Lozinsk.)、纤细草莓(*F. gracilis* Lozinsk.)、西藏草莓(*F. nubicola* Lindl.)、绿色草莓(*F. viridis* Duch.)、裂萼草莓(*F. daltoniana* Gay.)和东北草莓(*F. mandschurica* Staudt.),3 个四倍体种:东方草莓(*F. orientalis* A. Lozinsk.)、西南草莓 [*F. moupinensis*(Fr.)Card.] 和伞房草莓(*F. corymbosa* Lozinsk.)。此外,我国还发现在吉林、黑龙江等地分布有五倍体野生草莓群体。

## 1. 凤梨草莓

凤梨草莓又名大果草莓。有人认为是深红草莓和大果草莓的杂交种，也有人认为是智利草莓的直接变种。目前栽培的品种大多数源于该种或该种及其杂交种的变种。植株生长健壮；叶片小，呈倒卵圆形或菱状卵圆形，表面光滑，背面有毛；叶柄、花梗均被黄色绒毛；花大，果大，鲜红色；萼片直立紧贴果面。

## 2. 森林草莓

森林草莓也叫野草莓、株丛莓、欧洲草莓，起源于我国东北、西北、西南的林丛、山地和草原，在日本北部和欧美也有分布。植株矮小；三出复叶或羽状五出小叶，叶片小而薄，叶面光滑，淡绿色，背面有纤细茸毛；花序高于叶面，花梗小，花小，白色，两性花；果小，呈圆形或长圆锥形，红色或浅红色，果软，有香味，萼片平贴，瘦果突出果面；对环境适宜性强。花期 4—6 月份，果期 6—9 月份。

## 3. 黄毛草莓

黄毛草莓也叫淡味莓，起源于我国的云南、湖南、贵州、四川、湖北、台湾等海拔 700~3 000 m 的山坡、草地或沟边。尼泊尔、印度东部、越南北部也有分布。植株粗壮；因其匍匐茎、叶柄以及花序梗上均着生直立的棕黄色绒毛，故有“黄毛草莓”之称；羽状三出复叶，叶厚具柔毛，小叶呈椭圆形或倒卵圆形；两性花；果小，圆形，白色或浅红色，味淡，种子多；萼片直立。黄毛草莓花期较晚，在 5—7 月份，果期 6—8 月份。

## 4. 五叶草莓

五叶草莓分布于我国的陕西、甘肃、四川、青海以及河南等海拔 700~2 300 m 的山坡或草地。植株较矮小；叶片较厚、羽状五出小叶，下面的两片叶较小，呈椭圆形或倒卵圆形；花序上的花较少，两性花，花序高于叶面；果实椭圆形，颜色有红色和白色；瘦果卵形，基部有少许脉纹，凹陷于果面；萼片翻卷。花期 4—5 月份，果期 5—6 月份。

## 5. 纤细草莓

纤细草莓主要分布于我国的湖北、陕西、甘肃、河南、青海、四川、西藏等海拔 1 600~3 900 m 的丘陵、山地和草原。植株纤细；羽状三出或五出小叶，叶片为绿色，呈椭圆形、长椭圆形或倒卵圆形；两性花，聚伞花序，花序上着生的花较少；果实球形或椭圆形。花期 4—7 月份，果期 6—8 月份。

## 6. 西藏草莓

西藏草莓也叫喜马拉雅莓，起源于西藏喜马拉雅山、冈底斯山海拔 1 500~3 900 m 的山间、草原、林边。巴基斯坦、阿富汗等地也有分布。植株矮小，纤弱，匍匐茎细；羽状三出复叶，小叶椭圆形或倒卵圆形；花序的花较少；果小，卵球形；萼片紧贴果实。花果期 5—8 月份。

## 7. 绿色草莓

绿色草莓主要分布于欧洲、亚洲东部和中部、加那利群岛。我国新疆的天山山脉也有分布。植株纤细，具有少数短而无节的匍匐茎；羽状三出小叶，叶片薄，叶深绿色，呈卵圆形或椭圆形；花序直立，两性花，开花初期呈黄绿色而后变为白色；果实成熟时为淡绿色，仅有向光面为红色，因此得名"绿色草莓"。果小、果肉坚实、粉红色，有香味，种子大，凹陷或平于果面。花期 4—6 月份，果期 6—7 月份。

## 8. 裂萼草莓

裂萼草莓主要分布于我国喜马拉雅海拔 3 000~4 500 m 的高山、草原及西藏南部地区。植株弱小，有细匍匐茎；叶为三出复叶，小叶长圆形或卵形，叶色深绿；花单生于叶腋，花瓣白色，近圆形，因其萼片顶端有 2~3 浅裂，因此被称为"裂萼草莓"；果实稍大，长圆锥形、卵球形，鲜红色，果肉无味，瘦果光滑。

## 9. 东北草莓

东北草莓主要分布于我国的内蒙古、黑龙江、吉林等地。植株较高；羽状三出小叶，呈长椭圆形；聚伞花序，单株花序较多，花朵数也较多，两性花，花瓣叠生或离生；果实为红色，圆锥形，果肉白色，香味浓郁；种子黄绿色，凸出果面着生。花期 5—6 月份，果期 6—7 月份。

## 10. 东方草莓

东方草莓主要分布于我国的黑龙江、吉林、辽宁、内蒙古、河北、山西等地，朝鲜北部及俄罗斯西伯利亚东部地区，植株矮小，匍匐茎细长；羽状三出小叶，叶片绿色，较小，卵圆形；花两性，花序与叶面等长或稍高，花萼与花瓣等长；果实圆形或圆锥形，红色；萼片平贴，种子凹入果面。花期 5—6 月份，果期 6—7 月份。抗寒性极强，可作为抗寒育种的原始材料。

## 11. 西南草莓

西南草莓原产于我国的陕西、四川、云南、西藏、新疆和中亚东部海拔 1 400~4 000 m 的山间、草原和林边。植株纤弱矮小，匍匐茎较短；多为羽状五出小叶，叶片厚，呈椭圆形或倒卵圆形；两性花，花序上花朵少；果小，球形，粉红色，种子深陷于果面。花期 5—6 月份，果期 6—7 月份。

## 12. 伞房草莓

伞房草莓主要分布于我国的河北、山西、陕西、甘肃、河南等地区。植株较高；羽状三出小叶，叶片绿色，呈卵形；果实红色，近圆球形。花期 4—5 月份，果期 6—7 月份。

# 四、鲜食草莓的优良品种有哪些？

草莓的栽培品种很多。据统计，目前世界上草莓品种共有 2 000 多个，我国栽培的草莓品种包括地方品种、国内自行培育的品种以及从国外引进的品种，大约有 300 个，但是，生产中大面积栽培的优良品种仅有几十个。

## 1. 甜查理

甜查理（图 1-5）是美国草莓的早熟品种。亲本为 FL80-456 × Pajaro。

植株生长势强，叶片大，绿色至深绿色，近圆形。匍匐茎较多。果实较大，第一级花序果实平均单果重 41 g，最大可达 105 g，所有级次果平均单果重 17 g。果实形状规整，圆锥形或楔形，果面鲜红色，有光泽，果肉为橙色并带白色条纹，

图 1-5　甜查理

香味浓，味甜，品质优。种子较稀，黄绿色，平于果面或微凹入果面。果实硬度中等，较耐贮运。

该品种丰产性强，单株结果平均为 500 g 以上，平均亩（1 亩 ≈ 667 $m^2$）产 3 000 kg 以上。抗灰霉病、白粉病和炭疽病，但对根腐病敏感。休眠期短，适宜我国南北方多种栽培形式。

## 2. 红颜

红颜（图 1-6）是日本草莓的早熟品种，又称为红脸颊、红颊、日本 99 号。由日本静冈县农业试验场育成，亲本为章姬 × 幸香，1996 年辽宁省东港市草莓研究所引入。

植株生长势强，株形开张。匍匐茎繁殖能力强。叶片大，深绿色。果实个大，第一级花序果实平均单果重 40 g，最大果重 130 g。果实呈长圆锥形，畸形果少，果面鲜红色，有光泽，果肉红色，柔软多汁，甜酸适口，香味浓郁，品质极优。果实硬度较大，比较耐贮运。

该品种丰产性好，平均亩产 2 000 kg 以上。抗炭疽病和白粉病能力中等。休眠浅，适宜促成栽培。

图 1-6　红颜

## 3. 丰香

丰香是日本草莓的早熟品种。由日本农林水产省野菜茶叶试验场久留米支场以绯美子与春香杂交育成，1983 年定名，1985 年引入我国。目前在我国分布广泛，在浙江、江苏、上海、河北、北京等地都有大面积栽培。

植株生长势较强，株形半开张。匍匐茎抽生能力中等。叶片大而厚，绿色，有光泽，近圆形，茸毛少。叶柄长而粗，其上有钟形耳叶。花序梗中等粗，较直立，低于叶面着生，每株有花序 3 个，每个花序 9~10 朵花。第一级花序果实平均单果重 20 g，最大单果重 57 g。果实呈短圆锥形，果面粉红色或鲜红色，有光泽，外观整齐。果肉白色，髓心实，肉质细软致密，果汁多，风味甜多酸少，香气浓郁，品质极优。种子黄绿色或红色，分布均匀，略凹入果面。果实硬度中等，但果皮韧性强，贮运性较好。

该品种丰产性较好，平均亩产量为 2 000 kg。适合鲜食，不宜作加工用。花芽分化早，在温室栽培中能连续抽生花序。该品种不抗白粉病，对黄萎病抗性中等，因此从苗期开始就应加强病害防治。断根后，根系发生时间较晚，而且细根的发生量较少，因此栽苗时应尽量少伤根。现蕾后叶片发生缓慢，应注意多保留叶片。早期花易遭受低温危害。果实着色较慢，采收后无后熟作用，所以采收不能过早。需 5 ℃以下低温 50 h 通过休眠期，目前是我国促成栽培的主栽品种。

## 4. 宝交早生

宝交早生是日本草莓的中早熟品种。由日本兵库县农业试验场育成，亲本为八云 × 达娜，1960 年登记定名，1980 年引入我国。目前，在我国的南北方均有较大面积栽培。

植株生长势中庸，株态开张。匍匐茎生长势强，繁殖力高。叶片深绿色，中等厚度，长椭圆形，叶面光滑，质地较硬，茸毛少，托叶淡绿色稍带粉红色。叶柄长而粗，浅绿色，中部着生耳叶。花序梗斜生，粗度中等，花序低于或平于叶面，每株有花序 3~5 个，每个花序 6~12 朵花。第一级花序果实平均单果重 18 g，最大单果重 33 g。果实呈圆锥形，果面鲜红色，有光泽，果基有颈。果肉橘红色，完全成熟后为红色，肉质细，果汁中等，酸甜适度，有香味，髓心较实，品质极上。种子有黄色和红色之分，分布均匀，略凹入果面。果实较软，不耐贮运。果实适于鲜食和速冻，但不适于加工，原因是果汁色泽较浅。

该品种适应性好，在我国南北方均能栽培。较耐高温，对白粉病、轮斑病抗性强，对黄萎病、灰霉病抗性差。平均每亩产量为 1 500 kg，最高可达 2 000 kg。需 5 ℃以下低温 400~500 h 通过休眠期，适宜露地栽培和半促成栽培。

## 5. 章姬

章姬(图 1-7)是日本草莓的早熟品种,由日本静冈县农民育种专家荻原章弘先生育成,亲本为久能早生 × 女峰,1990 年登记,1996 年辽宁省东港市草莓研究所自日本引入,引入后在长江流域、辽宁、河北、山东等地栽培面积较大。

植株生长势强,株形直立高大。匍匐茎抽生能力强,繁殖系数较高。叶片浓绿色,叶形大,质地较薄,长椭圆形,数量少,叶柄粗。花序较长,每个花序上果实较少,花序低于叶面。果实大,第一级花序果实平均单果重 38 g,最大单果重 100 g。果实呈长圆锥形,果形奇特,畸形果少,果面红色,略有光泽,外观整齐。果肉淡红色,果心白色,肉质细腻,口味浓甜芳香,果汁多,风味好,品质极优。种子红色或黄绿色,密度中等,分布均匀,陷入果面着生。果实较软,不耐贮运,宜在八成熟时采收。

该品种丰产性好,平均亩产在 2 200 kg 以上。花芽分化比丰香早,匍匐茎苗生根后即容易形成花芽,在促成栽培中比丰香早熟 5 d。一级序果较大,但高级次果实明显小于一级序果,生产中主要多留一级序果。章姬在果实硬度和丰产性等方面不如女峰。中抗炭疽病,易感白粉病。需 5 ℃以下低温 50 h 通过休眠期,适宜促成栽培。

## 6. 幸香

幸香是日本草莓的中早熟品种。由日本农林水产省野菜茶叶试验场久留米支场育成,亲本为丰香 × 爱美,1996 年登记命名,1999 年引入我国,推广较快,栽培面积逐渐扩大。

植株生长势中等,株形直立。匍匐茎发生量较多。叶片深绿色,较厚,长圆形。叶柄较长,粗度中等,与丰香较接近。植株新茎分枝较多。每株有花序 3~8 个,连续结果能力强。第一级花序果实平均单果重 28 g,最大单果重 75 g,大果率略低于丰香。果实圆锥形,果面红色至深红色,明显比丰香色深,有时具棱沟。果肉浅红色,肉质致密,细嫩,有特殊的清香味,含糖量高于丰香,香甜适口,品质极优。种子有红色和黄绿色之分,密度中等,分布均匀,陷入果面着生。果肉硬度明显大于章姬和丰香,是现有日本草莓品种中贮运性最好的品种之一。

该品种丰产,一般日光温室栽培亩产为 2 500 kg,最高可达 3 200 kg。幸香花芽分化迟,同等条件下成熟期比丰香晚 10~15 d。植株较易感染白粉病和叶斑病。需 5 ℃以下低温 150 h 通过休眠,适合促成栽培和半促成栽培。生产中注意幸香的栽植密度应大于丰香,主要原因是幸香叶片较小,植株较直立。

图 1-7 章姬草莓

## 7. 女峰

女峰是日本草莓的中早熟品种。由日本栃木县农业试验场育成,杂交过程为[达娜 ×(春香 × 达娜)]× 丽红,1985 年品种登记。在我国分布较为广泛,栽培面积较大。

植株生长势强,株形高大直立。匍匐茎抽生能力强,可二次抽生匍匐茎。叶片大而薄,浓绿色,长椭圆形,叶面光滑,质地硬,茸毛少。叶柄较长,黄绿色,中部着生耳叶。花序梗较直立,粗度中等,花序高于或平于叶面。每株有花序 3~4 个,每个花序 6~10 朵花。第一级花序果实平均单果重 20 g,最大单果重 41 g。果实呈圆锥形,果面鲜红色,果形整齐而有光泽。果肉浅红色,肉质细,果汁多,髓心实或略空,风味酸甜适度,香味浓,品质极上。种子黄绿色或红色,中等大小,分布均匀,凹入果面。果实硬度较大,较耐贮运。

该品种产量中等,花芽分化较早。适应性广,抗病性中等,苗期应注意防治轮斑病,保护地栽培中易受蚜虫侵害。需 5 ℃以下低温 80 h 通过休眠期,适合促成栽培和半促成栽培。适用于鲜食和加工制酱。

## 8. 丽红

丽红是日本草莓的早中熟品种。由日本千叶县农业试验场育成,亲本为春香自交系 × 福羽自交系,1976 年登记定名,1980 年引入我国后,在南北方均有一定的栽培面积。

植株生长势强,株形直立。匍匐茎发生能力较强。叶片较大,中等厚,深绿色,春、夏季节叶色稍带黄,呈长椭圆形,叶片平展光滑,光泽少,有少量茸毛。叶柄长而粗,黄绿色,茸毛多,叶柄中部着生耳叶。花序梗较粗,斜生,与叶面相平或略低于叶面,每株有花序 3~4 个,每个花序 6~8 朵花。第一级花序果实平均单果重 14 g,最大单果重 35 g。果实呈圆锥形,果面鲜红色,光泽强。果肉橘红色,肉质细,致密,汁多,甜酸适中,香味浓,髓心橙红色,中等大,空洞小。种子较少,黄绿色或红色,分布均匀,略凹入果面。果皮韧性强,硬度较大,较耐贮运。

该品种丰产性较好,耐热性较差,对黄萎病和灰霉病抗性较强,但不抗白粉病和炭疽病。需 5 ℃以下低温 60~100 h 通过休眠期,适宜促成栽培或半促成栽培。

## 9. 春香

春香是日本草莓的早熟品种。由日本农林水产省野菜茶叶试验场久留米支场育成。亲本为久留米 103 × 达娜,1967 年登记定名,1980 年引入我国后,在南北方地区均有较大面积栽培。

植株生长势强，株形较直立、高大。匍匐茎发生能力强，繁殖系数较高。叶片较厚，大而多，绿色，椭圆形，叶面光滑，质地中等，茸毛少。叶柄中长，较粗。花序梗斜生，中等粗，低于或平于叶面，每株有花序 2~4 个，每个花序 8~10 朵花。第一级花序果实平均单果重 18 g，最大单果重 30 g。果实楔形或圆锥形，果面橙红色，果实整齐，有光泽，表面有少量棱沟。果肉白色或橘红色，肉质细，果汁多，髓心中等，稍空，风味酸甜，香味浓，品质极上。种子黄绿色或红色，数量大，凹入果面或平于果面。果皮光亮，韧性强，贮运性好。

该品种丰产，平均每亩产量为 1 800 kg。耐高温，较抗旱，抗灰霉病、黄萎病及根腐病，但不抗白粉病。休眠浅，适宜促成栽培。

## 10. 明晶

明晶(图 1-8)是草莓的早中熟品种。由沈阳农业大学园艺系于 1989 年从美国品种“日出”的自然杂交实生苗中选育而成，在我国的东北及华北地区栽培较多。

植株生长旺盛，株形较直立，分枝较少。叶片深绿色，呈椭圆形，略呈匙状，较大，较厚，叶面平滑有光泽。花序梗斜生，粗度中等，低于叶面着生，每株有花序 4~8 个，每个花序 12~15 朵花。果实大，第一级花序果实平均单果重 27 g，最大单果重 43 g。果实短圆锥形，果面鲜红色，光泽度好。果肉浅红色，肉质致密，髓心小，略空，果汁较多，酸甜适口。种子黄绿色，密度中等，平嵌于果面着生。果皮韧性强，果实硬度大，耐贮运。

该品种丰产性好，平均每亩产量为 1 800 kg，最高可达 2 600 kg。适应性强，抗寒性、抗旱性、抗病性和抗晚霜能力均强。适宜北方露地栽培。

图 1-8 明晶草莓

## 11. 明旭

明旭是草莓的早熟品种。由沈阳农业大学园艺系育成，亲本为明晶 × 爱莓，1995 年定名。主要在我国东北及华北地区栽培。

植株生长势强，株形直立。匍匐茎抽生能力强，繁殖系数较高。叶片深绿色，大而厚，呈卵圆形。花序梗粗壮直立，平于叶面着生，每株有花序 1~2 个。第一级花序果实平均单果重 18 g，最大单果重 38 g。果实近圆形，果面红色，平整而有光泽，着色均匀。果肉粉红色，肉质细，口感酸甜适中，香味浓郁，果汁丰富，品质优。种子黄绿色，密度适中，分布均匀，平贴于果面着生。果实硬度较大，较耐贮运。

该品种植株抗寒性与抗病性均强。自然休眠期较长，适宜辽宁省等北方地区露地栽培。

## 12. 明磊

明磊是草莓的早熟品种。由沈阳农业大学园艺系从美国品种“节日”的实生苗中选育而成。

植株生长势强，株态较直立。叶片颜色较浅，呈椭圆形，匙状，叶形较大，叶面平滑而有光泽。叶柄浅绿色，较长。花序梗粗壮，低于叶面着生，每株有花序 1~2 个，每个花序有花 14 朵。第一级花序果实平均单果重 21 g，最大单果重 37 g。果实圆锥形，尖端钝，略扁，果面橙红色，光泽好，有浅棱沟。果肉橘红色，肉质细，风味甜酸，有香气，果汁较多，果实品质较好。种子黄绿色，密度中等，分布较均匀，平贴于果面着生。果实硬度大，较耐贮运。

该品种丰产性好，成熟期集中，利于采收。抗寒、抗旱能力强，但应注意花期晚霜危害。适宜露地或促成栽培。

## 13. 白草莓

白草莓又叫小白草莓(图 1-9)，是北京市密云区农民李健通过组培苗变异株选育而成的草莓新品种，2014 年 8 月通过北京市种子管理站鉴定，是我国首例自主培育的白草莓品种，现已申请专利。果实前期 12 月份至翌年 3 月份为白色或淡粉色，4 月份以后随着温度升高和光线增强会转为粉色，果肉为纯白色或淡黄色。口感香甜，入口即化，果皮较薄，充分成熟果肉为淡黄色，吃起来有黄桃的味道，可溶性固形物(糖度)14% 以上，该品种表现生长旺盛，果大品质优，丰产性好，抗白粉病能力较强，是一个理想的鲜食型的优良草莓品种。

图 1-9　小白草莓

图 1-10　太空 2008

## 14. 太空 2008

太空 2008 草莓(图 1-10)果个大,平均单果重超过目前日美系列的所有品种。大颗型果实表面籽少口感好,长势强,果穗粗,花序大成果率高,是观光采摘园的首选栽培品种。果实上市早,因为长势强花芽分化完成较早,遇到低温,畸形果率明显降低。太空 2008 草莓品种叶大,叶柄长而粗,抗白粉,灰霉病发生。高抗黄萎病、红中柱病。

太空 2008 草莓,是采集美国卡姆罗莎草莓品种的种子,委托中国航天育种研究中心,由我国 2004 年第 20 颗返回式卫星搭载上天,在太空经宇宙射线诱变处理后,将返回地面的 0.8 g 草莓种子种植在北京市昌平区马池口镇丈头草莓专业研发基地。在该研发基地种植过程中发现了一个优系单株,该单株与日本栃乙女草莓品种杂交,经 8 年时间选育而成是我国第一个太空草莓新品种。因为是第 20 颗卫星、0.8 g 种子,故定名为太空 2008 草莓。

该品种植株长势中等,株型紧凑,根系发达,叶片椭圆形、中大,叶色浓绿,花朵大,花粉多,自花结实能力强,果实多为长圆锥形及长楔形,连续结果能力强,果实硬度中等,单果重 20~40 g,最大单果重 89 g,果肉红色,果味甜酸,甜味突出,香味明显,抗病能力强。

## 15. 红袖添香

红袖添香是我国自育品种,以卡姆罗莎为母本、红颜为父本杂交而成,2007 年培育成功,属于早熟草莓。因采摘时会散发淡淡的幽香而得名。果实呈长圆锥形,红色,有光泽,果肉红色,风味酸甜适中,香味浓郁。草莓果个大,连续结果能力强,丰产性强,抗病性较强,易于栽培管理,是具有较高商品价值的早熟鲜食草莓新品系。一、二级花序果实平均单果重 50.6 g,最大单果重 98 g。

## 16. 弥生姬

弥生姬是栃乙女与 *TONEHOPPE* 所杂交而成的群马县原创品种，“弥生”在日文中是阳春三月的意思，在阳春三月最盛产，草莓红艳鲜甜，形似春季少女，故取名“弥生姬”。弥生姬是群马县耗费 10 年培育的原创品种，2005 年育成，外形呈圆锥形，颗粒大。高雅的浅红色果实饱满，酸甜适口，多汁美味。随着气温升高口感仍能保持初产时的味道，其他品种在 3 月份会出现质量下降时，它也能保持美味，一般从 12 月份到翌年 5 月份左右都能品尝得到。由于在初春季节也能尝到鲜美的弥生姬，所以在群马县内外有着很高的人气。果皮韧性强，经得起运输，是保存期限较长的草莓。

## 17. 宁玉

宁玉（图 1-11）是以幸香作母本、章姬作父本杂交育成的草莓促成栽培极早熟新品种，2010 年通过江苏省农作物品种审定委员会鉴定。宁玉果实呈圆锥形，一、二级序果平均单果重 25 g，最大单果重 53 g 以上；果实红色，果面平整；果皮较厚，果肉橙红色，髓心橙色，肉质细腻，硬度好，香气浓，风味甜，品质上等。果实含可溶性固形物 10.70%，总糖 7.38%，可滴定酸 0.52%，维生素 C 762.00 mg/kg。果实硬度 1.63 kg/cm$^2$，耐贮运。成熟期比“丰香”早 12~17 d，至翌年 5 月份可形成 3~4 次花果期。

图 1-11 宁玉

图 1-12　桃熏果实

## 18. 桃熏

桃熏具有产量高、成熟晚、酸度低、口感甜等特点。平均糖度为12%~13%，最高可达15%，具有水蜜桃的香气，成熟时果皮为粉白色(图 1-12)。

## 19. 隋珠

隋珠（图 1-13）是日本 2010 年进行品种登记的促成品种，日本称之为香野，我国称之为隋珠。上市早，抗炭疽病能力强，耐低温，休眠浅，糖度高。现蕾期比章姬早，果实微扁平，长圆锥形大果，果柄较长。果色从淡红到鲜红，果肉呈乳白色。果实多汁，味甜，酸味较小，整体口味清淡。对炭疽病、白粉病的抗病性强于一般的日系品种，对红蜘蛛的抗性也优于其他品种，但不抗灰霉病。

图 1-13　隋珠(香野)

## 20. 佐贺清香

佐贺清香又名佐贺 2 号，是 1991 年日本佐贺农业试验研究中心以大锦与丰香杂交，经过系统选育而成。1998 年在日本审定命名为佐贺清香。目前这个品种在日本非常受欢迎，其生物学特性和经济性能均优于丰香，有望成为我国南北方草莓产区的主栽品种。果实大，一级序果平均单果重 35 g，最大单果重 52 g，果实呈圆锥形，鲜红亮丽，果型端正而整齐，畸形果和棱沟果少，果肉白色，种子均匀平于果面。香味较浓，甜度大，酸度低于丰香。耐运输，贮存时间长。抗白粉病能力强于丰香，抗炭疽病能力与丰香相当，抗矮化能力明显优于丰香，适宜北方温室促成和半促成栽培，也适合南方拱棚和露地栽培。栽培时间依栽培地和方式不同而不尽相同，花芽形成时间较早和休眠期较短，扣膜升温时间可适当提早。因品种连续结果能力强，故应加强肥水管理。

## 21. 黔莓 2 号

黔莓 2 号是贵州省园艺研究所以章姬做母本、法兰帝做父本杂交育成的草莓新品种。果实呈短圆锥形，一级序果平均单果重 25.2 g，最大单果重 68.5 g；果实鲜红色、有光泽，种子分布均匀；果肉橙红色，肉质细，果肉韧，香味浓，风味酸甜适中；该品种 2010 年通过了贵州省农作物品种审定委员会审定。

## 22. 鬼怒甘

鬼怒甘是日本品种女峰的株变，也叫日本 1 号。果实呈短圆锥形或扁楔形，平均单果重 32 g，最大单果重 68 g。果色浅红，艳丽，有芳香味，极甜，含糖量为 12%~18%（一般草莓品种为 7%~12%）。12 月份至翌年 2 月份采收的果实可自然存放 7~10 d，3 月份以后采收的果实可存放 4~7 d。花序多，每株 2~3 枝，连续抽生能力强，可连续结果 6 个月。该品种适应能力强，既耐高温，又抗寒，适合我国南北各地露地、小拱棚、温室栽培，特别适合大棚早熟栽培。抗白粉病、灰霉病能力均强。该品种繁殖能力强，栽种时宜稀植。

## 23. 京藏香

京藏香（图 1-14）是 2016 年北京市农林科学院林业果树研究所以早红亮为母本、红颜为父本杂交育成的早熟品种，2013 年 12 月通过北京市林木品种审定委员会审定（良种编号：京 S-SV-FA-025-2013）。植株长势较强，株态半开张。叶片呈椭圆形，黄绿色，叶缘锯齿钝，叶面质地革质粗糙，有光泽，单株着生叶片 8~9 片，花序分歧平于后低于叶面，两性花。果实呈圆锥形或楔形，红色有光泽，

图 1-14 京藏香

种子黄绿兼有，平于或凹于果面，种子分布均匀，果肉橙红色，花萼单层双层兼有，主贴副离。一级花序果实平均单果重 48 g，最大单果重 110 g。果实酸甜适口，可溶性固形物含量 9.8%，每 100 g 果肉含维生素 C 为 62.70 mg，还原糖为 4.7%，可滴定酸为 0.53%。适宜日光温室促成和半促成栽培，亩定植 9 000~10 000 株。

## 24. 艳丽

艳丽是以草莓 08-A-01 为母本、枥乙女为父本杂交育成的(图 1-15)。果实呈圆锥形，果形端正，一级序果平均单果重 43 g，果面鲜红色，光泽度强，风味酸甜适口，香味浓，含可溶性固形物为 9.5%，总糖 7.9%，可滴定酸 0.4%，每 100 g 果肉含维生素 C 为 63 mg，果实硬度 2.73 kg/cm$^2$，耐贮运。植株健壮，抗灰霉病和叶部病害，对白粉病具有中等抗性。

在沈阳地区日光温室促成栽培，11 月上旬始花，12 月下旬果实开始成熟，产量为 30 t/hm$^2$ 以上；在沈阳地区日光温室半促成栽培，1 月下旬始花，3 月上旬果实开始成熟，产量为 37.5 t/hm$^2$ 以上。

图 1-15 艳丽

## 25. 法兰地

法兰地比丰香成熟上市早 10 d 以上，果实呈圆锥形，果面鲜红有光泽，果色艳红色，味浓香甜爽口，果实硬度大，适合贮运，商品货架期长。平均单果重 20 g 左右，最大单果重 50 g，果肉质地致密，风味甜酸。一般亩产为 1 250~1 500 kg。

## 26. 晶瑶

晶瑶是湖北省农业科学院经济作物研究所 2001 年选育成功的，果实呈略长圆锥形，果面鲜红色，富有光泽，果面平整，果实整齐，无裂果，外形美观，畸形果少。果实硬度较大，耐贮性好。丰产性好，平均亩产量 2 000 kg 以上。抗白粉病强于丰香，注意防治灰霉病、叶斑病和蚜虫。早熟品种，休眠浅，适合促成栽培。

## 27. 妙香 7 号

妙香 7 号（图 1-16）是山东农业大学用红颜 × 甜查理杂交选育的暖地草莓品种，果实呈圆锥形，平均单果重 35.5 g，果肉鲜红，细腻，香味浓郁，保护地促成栽培一般 9 月上旬定植，12 月下旬开始成熟，翌年 1 月中旬进入盛果期。产量高，抗病性好，口感佳。

## 28. 圣诞红

圣诞红（图 1-17）是从韩国引进的草莓品种，该品种比红颜早熟 7~10 d。株

图 1-16 妙香 7 号

图 1-17 圣诞红

形直立，株高 19 cm。叶面平展而尖向下，叶厚中等。叶片为黄绿色且有光泽，呈椭圆形，边缘锯齿钝，质地革质且平滑；叶柄为紫红色。花序平或高于叶面，直生，白色花瓣有 5~8 枚，呈圆形且相接。果实表面平整，光泽强，果面为红色。80% 的果实为圆锥形，10% 的果实为楔形，10% 的果实为卵圆形。果实萼下着色中等，宿萼反卷，为绿色。种子微凸于果面，黄色与绿色兼有，密度中等。果肉为橙红色，髓心为白色，无空洞。果肉细，质地绵，风味甜，可溶性固形物含量为 13.1%，果实硬度高于红颜，耐贮性中等。圣诞红的耐低温能力强，在冬季低温条件下连续结果性好，对炭疽病、白粉病、枯萎病有较强的抗病性，其中对白粉病、灰霉病的抗病性均比红颜和章姬高。

## 29. 白雪公主

白雪公主（图 1-18）果实呈白色，有着红色籽粒，其不仅有白色外表，就连果肉也是纯白色，是由北京市农林科学院培育的草莓新品种。白雪公主品种本身比一般草莓抗病性更强，无需农药，安全健康。但白雪公主草莓培育难度大，采摘期也较短，约 3 个月，产量相对较低，产量不到红草莓的 1/3。

图 1-18　白雪公主

## 30. 雪里香

雪里香（图 1-19）是山东农业大学高东升教授设施果树团队选育的草莓新品种，雪里香植株生长健壮，果实呈圆锥形，果大，单果重 36 g 左右，最大单果重达 85 g。它的植株生长比较强势，单株产量为 400 g 以上。果实鲜红，口感细腻；果肉结实好吃，耐贮运而且果形很好看，其产量很高，属于优质品种。它通常是在秋季的 11 月 16 日开始分批成熟，直到翌年 5 月 15 日左右结束采收。

图 1-19　雪里香

## 31. 美香莎

美香莎草莓是1998年我国丹东市草莓研究开发中心从荷兰引进的草莓新品种，是我国草莓业发展急需的珍稀品种资源，是保护地栽培的优良品种。从引种试栽结果来看，美香莎可能会成为我国草莓主栽新品种之一。果实呈长圆锥形或纺锤形，花萼向后翻卷，一级序果平均单果重55 g，最大单果重106 g。果面深红，有光泽。果肉红色，心空，味微酸，香甜，品质极上。当果面完全变红后再延迟2~3 d采摘为好。可溶性固形物含量为14%，果实硬度特大，超过有铁果之称的"新明星"，可切块、切片，其硬度属当今草莓之最。抗旱、耐高温，对多种重茬连作病害具有高度抗性，适应不同的土壤和气候条件。

# 五、加工草莓的优良品种有哪些？

## 1. 哈尼

哈尼是美国中早熟的草莓品种。亲本为Vibrant × Holiday，1979年定名，1983年引入我国。在我国的山东、河北、辽宁等地有较大面积的栽培。

该品种植株生长势较强，株形直立，株冠中等大小。叶片中等偏大，深绿偏灰，呈长椭圆形，较厚，叶面光滑，质地硬，茸毛长而多。抽生匍匐茎能力中等。花序低于叶面，每株有花序3~5个，每个花序10~11朵花。第一级花序果实平均单果重28 g，最大单果重56 g。果实呈短圆锥形，红色，果面整齐，有光泽。果肉橘红色，髓心空，肉质细软，果汁多，风味偏酸，略有香气，品质中等。种子呈黄绿色，中等大小，密度中等，分布均匀。果实硬度较大，但不如全明显，贮运性稍好，是深加工和速冻出口极佳品种。抗叶斑病和病毒病，易感染黄萎病和红中柱根腐病。较丰产，平均每亩(1亩≈667 $m^2$)产量为2 000 kg。需5 ℃以下低温700 h通过休眠期，适合露地栽培和半促成栽培。

## 2. 托泰姆

托泰姆是美国品种，近年引入我国。植株生长势强，株态直立。叶片鲜绿色，呈椭圆形。果梗粗壮，低于果面。果个大而均匀，第一级花序果实平均单果重22 g，最大单果重可达100 g。果实深红色，粗圆锥形，硬度中等，口味酸甜，适合深加工。托泰姆适合温室和露地栽培。

## 3. 森加森加拉

森加森加拉是德国中晚熟的草莓品种，亲本为 Markee × Sieger，1986 年引入我国。作为加工品种在我国东北地区有一定的栽培面积。

该品种植株生长势中庸，株形较直立。叶片中大而厚，浓绿，近圆形，叶面平展，有光泽，茸毛少。抽生匍匐茎能力较弱。花序低于叶面，二歧分枝，花梗上茸毛少，较粗，每株有花序 3~7 个，每个花序 7~19 朵花。果实大小均匀，第一级花序果实平均单果重 25 g，最大单果重 40 g。果实呈圆锥形，果面平整，深红色，有光泽。果肉红色、肉质细，果汁多，风味甜酸，有香气，品质优良。种子呈黄绿色，分布稀，平于果面。果实硬度稍差，贮运性一般。适应性广，抗白粉病，不抗灰霉病，丰产性好，平均每亩产量为 2 000 kg。收获期较短，一般为 15~20 d。森加森加拉适合露地栽培和半促成栽培，是理想的加工和速冻专用品种。

## 4. 硕丰

硕丰是晚熟的草莓品种，由江苏省农业科学院园艺研究所育成，亲本为 MDUS4484 × MDUS4493，1989 年定名。目前在江苏、安徽、上海、浙江等地栽培面积较大。

植株矮而粗壮，生长势强，株形直立。叶片中等偏大，较厚，深绿色，圆形或扇形，叶面光滑。花序梗直立生长，高于或平于叶面，每株有花序 3 个，每个花序 8~9 朵花。第一级花序果实平均单果重 20 g，最大单果重 50 g。果实呈短圆锥形，果面橙红色。果肉红色，肉质细韧，髓心小，无空洞，甜酸适口，品质优良。种子呈黄绿色，平嵌于果面。果实硬度大，极耐贮运。

该品种丰产性好。耐热性极强，抗旱，对灰霉病和炭疽病有较强抗性。需 5 ℃以下低温 650 h 通过休眠期，适合在长江中下游地区进行露地栽培，加工性能好且适宜速冻。

## 5. 硕露

硕露是早熟的草莓品种，由江苏省农业科学院园艺研究所于 1990 年育成，亲本为 Scott × Beaver。目前在江苏省有较大面积的栽培。

植株生长势强，株态直立。叶片中等偏大，长圆形，深绿色，较厚，平滑有光泽，叶柄长而粗。花序梗中粗，直立生长，低于叶面。每株有花序 2 个，每个花序平均着生 10~11 朵花。第一级花序果实平均单果重 17 g，最大单果重 45 g。果实为近纺锤形，先端尖，肩部狭，果面鲜红色，有光泽。果肉橙红色，髓心小，果肉细密坚实，硬度大，较耐贮运。风味甜酸适中，有香味。

该品种丰产性强，植株耐热性强，抗灰霉病、炭疽病。适合露地栽培，适宜长江中下游地区推广应用。

## 六、兼用型草莓的优良品种有哪些？

### 1. 全明星

全明星是美国中晚熟的草莓品种，亲本为MDUS4419×MDUS3185，1981年育成，1985年引入我国。目前在北京、河北、辽宁、甘肃等地都有广泛栽培。

植株生长势强，株形直立。叶片大而厚，深绿色，呈椭圆形，有光泽，叶脉明显，质地较硬，茸毛中等。抽生匍匐茎能力中等。花序梗直立，低于叶面，每株有花序2~4个，每个花序10~12朵花。第一级花序果实平均单果重30 g，最大单果重65 g。果实呈长椭圆形，果面鲜红色，果顶稍扁，光滑而有光泽。果肉橘黄色或淡红色，髓心空，果汁多，甜酸适度，有香味，品质中等。种子呈黄绿色，密度中等，凸出果面。果皮韧性强，果肉致密硬实，耐贮运性强，采后在常温下可自然存放3 d。

该品种适应性广，耐高温高湿，对白粉病、根腐凋萎病、红中柱根腐病、黄萎病及叶片枯萎病有较强抗性。需5 ℃以下低温600 h通过休眠期，适合露地栽培和半促成栽培，适合鲜食，也可以加工制酱。

### 2. 卡麦罗莎

卡麦罗莎（图1-20）是美国早熟的草莓品种，由美国加利福尼亚州福罗里大学育成，亲本为道格拉斯 ×CAL85.218-605，1998年引入我国。目前在我国南北方栽培面积均较大。

植株生长势强，株形直立，根系发达。匍匐茎抽生能力较强。叶片较大，呈黄绿色，近圆形。花序略低于叶面着生。果实大，第一级花序果实平均单果重40 g，最大单果重100 g。果实呈长圆锥形或楔形，果面鲜红色，光滑，有明显光泽。果肉为红色，果汁多，甜酸适中，香味浓郁，品质优良。种子呈红色或橙黄色，略陷入果面着生。果实硬度大，极耐贮运。

该品种丰产性强，平均每亩产量为2 500 kg。保护地条件下连续结果可达6个月及以上。适应性强，高抗灰霉病，中抗白粉病。叶片更新快，生产中应经常摘除老叶。休眠浅，需5 ℃以下低温80 h通过休眠期，适合促成栽培和半促成栽培，鲜食与加工均宜。

图 1-20　卡麦罗莎

## 3. 达娜

达娜是美国早中熟的草莓品种，1945 年育成，20 世纪 80 年代经日本引入我国。

植株生长势较强，株态半开张。叶片绿色，近圆形，叶面平滑，略有光泽，质地厚而软。叶柄细长，绿色，边缘为浅红色。花序梗斜生，粗度中等，花序低于叶面着生，每株有花序 2~3 个，每个花序有 9~11 朵花。一、二级花序果实平均单果重 14.1 g，最大单果重 28.5 g。果实呈圆锥形或楔形，果面红色，光泽强，平整或有少量浅棱沟。果肉橙红色，髓心中等大，稍空，果肉细，甜酸适中，香气浓，汁液多。种子有黄绿色和红色之分，均匀地平于果面分布，密度适中。果实硬度中等，较耐贮运。

该品种丰产性好，植株耐寒性强，果实品质好，适宜鲜食或加工。

## 4. 达赛莱克特

达赛莱克特是法国中熟的草莓品种，亲本为派克 × 埃尔桑塔，1995 年育成，1997 年引入我国。在华北地区进行多种形式栽培试验，获得很大成功，其综合性状表现优良，目前在生产上属于广泛栽培的品种。

植株生长势较强，株形稍直立。叶片较大，多而厚，深绿色，长椭圆形。叶柄长，浅绿色，基部红褐色。抽生匍匐茎能力较强，可抽生二次匍匐茎。每株有花序2~4个，每个花序有5~8朵花。果实大，第一级花序果实平均单果重35 g，最大单果重75 g。果实呈长圆锥形，果面浓红色，有明显光泽。果肉红色，髓心大，稍空，果汁较多，肉质细，风味浓郁，甜酸适口，有特殊芳香味，品质优良。种子黄绿色，密度较小，分布均匀，凸出果面。果实硬度大，极耐远距离运输。

该品种丰产性好，保护地栽培亩产量为3 500 kg左右，露地栽培亩产量约为2 500 kg。高抗灰霉病和白粉病。需5 ℃以下低温450 h通过休眠期，适宜露地栽培和半促成栽培，是理想的鲜食和加工兼用品种。

## 5. 吐德拉

吐德拉是西班牙早熟的草莓品种，又称米赛尔、96A或亚洲王子。亲本为派克 × 长乐，1997年引入我国。目前是我国华北、东北地区的主栽品种之一。

植株健壮，生长势强，株形较弗吉尼亚紧凑直立。叶片大，叶色浓绿，呈椭圆形，表面有光泽，叶柄长。抽生匍匐茎能力极强，可抽生二次匍匐茎。花序一般为单枝，与叶面相平，花序梗较粗，花序抽生能力强，连续结果能力强，每株有花序3~5个，每个花序16~20朵花。果个大而均匀，第一级花序果实平均单果重38 g，最大单果重108 g。果实呈长圆锥形或宽楔形，果面鲜红色，有光泽。果肉橙红色，髓心大，稍空，肉质细，风味浓郁，酸甜适口，品质中等。种子呈亮黄色，分布均匀，凹入果面中。果实硬度大，极耐贮运。

适应性强，较丰产，在日光温室促成栽培中，平均每亩产量为2 500 kg以上，最高可达4 000 kg。一年可收两茬。抗病力强，高抗灰霉病和叶部病害，但不抗白粉病。需5 ℃以下低温50 h通过休眠期，特别适合日光温室促成栽培，也可以进行露地栽培。在露地栽培时比全明星早熟7 d，促成栽培时比弗吉尼亚早熟10~15 d。

## 6. 弗吉尼亚

弗吉尼亚是西班牙中早熟的草莓品种，又称A果或杜克拉，俗称“铁果”，1993年引入我国。目前在我国东北及华北地区有较大面积的栽培。

植株生长势旺，株形比吐德拉稍开张。匍匐茎抽生能力中等。叶片较大，黄绿色，较厚，椭圆形，多茸毛。叶柄长且较粗，中部有耳叶。花序梗斜生，粗度中等，花序低于或平于叶面，每株有花序3~4个，每个花序6~12朵花。第一级花序果实平均单果重36 g，最大单果重86 g。果实呈长圆锥形或宽楔形，果面深红色，光泽强。果肉橘红色，髓心空，果汁中等，酸多甜少，稍有香气，品质中等。种子亮黄色，分布均匀，微凹入果面。

该品种突出的特点是自花结实能力强，可连续抽生花序4~6次；果实硬度极大；贮运性极强；抗病性强，极抗白粉病；极丰产，是目前产量最高的草莓品种之一。日光温室促成栽培中，平均每亩产量在2 500 kg以上，最高可达5 000 kg。它的缺点是在冬季低温期时果实品质较差，口味偏淡。需5 ℃以下低温100 h通过休眠期，适合日光温室促成栽培和露地栽培，鲜食和加工均宜。

## 7. 戈雷拉

戈雷拉是荷兰早中熟的草莓品种，又称为B4。由荷兰瓦格林根园艺植物研究所育成，亲本为Juspa × US3736，1960年育成，1979年引入我国。在我国北方地区栽培面积较大。

植株长势较强，株形较开张，矮小而粗壮。匍匐茎长势较强，繁殖力中等。叶片浓绿色，中等大小，较厚，椭圆形，叶面平展，光滑，托叶淡绿色稍带粉红色。花序梗中等粗，斜生，低于或平于叶面。每株有花序2~3个，每个花序8~10朵花。第一级花序果实平均单果重22 g，最大单果重34 g。果实短圆锥形，果面鲜红色，果尖黄绿色，果面有棱沟，畸形果较多。果肉橙红色，髓心稍空，略有空洞，肉质致密，偏酸，风味浓郁，品质中等。种子黄绿色或红色，分布不匀，凸出果面或与果面平。果皮较坚韧，较耐贮运。

该品种丰产性好，平均每亩产量为2 000 kg。抗寒性强，抗病性强，极少感染根部和叶部病害，植株结果后容易衰弱。自然休眠期较长，适合露地栽培。该品种是鲜食和加工兼用的优良品种。

## 8. 新明星

新明星是中晚熟的草莓品种。由河北省农林科学院石家庄果树研究所于1987年从“全明星”中选出的高产优质草莓品种，1990年通过鉴定。目前在华北地区栽培面积较大。

植株生长势强，株冠较大。叶片呈椭圆形，浓绿，较厚，叶面光滑，多茸毛，叶柄绿色，向阳面红色，托叶大。花序梗斜生，中等粗，低于叶面着生，每株有花序4~8个，每个花序有花12~15朵。果实大，第一级花序果实平均单果重24 g，最大单果重56 g。果实呈圆锥形或楔形，果面整齐，鲜红色，有光泽。果肉橘红色或橘黄色。髓心空，果汁较多，酸甜芳香，品质中上。种子呈黄色，稍凹入果面。果实硬度大，耐贮运，常温下可贮3~4 d。

该品种丰产性好，抗逆性强，耐高温，适合露地栽培和半促成栽培，为鲜食、加工和速冻兼用品种。该品种秧苗的退化十分严重，种植脱毒苗是保证该品种优势的关键。

## 七、四季草莓优良品种有哪些?

四季草莓为野生草莓的变种,其特点是休眠期短,大致可以分为两类品种:一类是春夏秋连续不断结果的品种,另一类是一年结果两次的品种。国内有不少地方品种是四季草莓,如丹东四季、通化四季等,但因果个较小,产量较低,品质较差,管理费工,不适合集中成片种植。目前我国各地引进或选育了一些优良品种或品系,可在保护地内进行一室两茬栽培,也可以盆栽观赏或庭院栽培。

### 1. 赛娃

赛娃是美国大果型四季草莓品种,亲本为CA70.3-17 × CA71.98-605,1983年育成,1997年引入我国。

植株生长势强,株形直立紧凑。匍匐茎可连续抽生,繁殖力强。叶片呈浓绿色,较大,较厚,表面有光泽,椭圆形,叶背茸毛密集,叶脉凹陷,叶片边缘外卷。叶柄直立,较长,茸毛多。花序梗粗壮,低于叶面着生,每株有花序2~4个,每个花序1~3朵花。第一级花序果实平均单果重31 g,最大单果重138 g。果实呈阔圆锥形,果面鲜红色,有光泽,表面有少量浅棱沟。果肉橘红色,髓心中等大,稍空,肉质细,酸甜适口,味浓香,品质优良。种子呈黄色,分布均匀,稍凹入果面。果实硬度大,耐贮运。

该品种丰产性好,单株产量可达910 g,亩产量最高可达7 000 kg。耐高温,抗旱性强,对白粉病抗性较强。无明显的休眠期,植株一年内可以多次开花,四季均能结果。适合露地栽培和促成栽培。

### 2. 美德莱特

美德莱特是大果型四季草莓品种,由山东农业大学于1997年从加拿大引进。

植株生长势中等偏强,株形直立而紧凑。匍匐茎抽生较弱。叶片大,叶色深绿,呈椭圆形,叶厚而有光泽,叶背多茸毛,叶脉凹陷,叶缘稍向下反卷。叶柄直立粗壮,中等长,茸毛多。春季平均每株可分生4个新茎,夏季可连续抽生新茎,每个新茎分生1~3个花序,每个花序1~3朵白花,每株可抽生5~7条匍匐茎,每条又可分生4~6株。大型果,平均单果重28.6 g,最大单果重87 g。果实呈长圆锥形,鲜红,果实表面平滑,有光泽,果尖扁,果基部稍微凹陷。果肉深橘红色,汁多,髓心稍空,味浓香。种子呈黄绿色,密度中等,分布均匀,微凹入果面。

该品种一年可连续开花,周年结果,花序多,花量大,产量高,在山东泰安地区,单株年产量可达800 g,最高达1 180 g。抗病性强,抗白粉病、黄萎病和叶枯病。

适应性广，在华南、西南地区均可栽培，适合温室栽培和露地栽培。露地栽培，从3月下旬开始，陆续开花结果，持续到11月初。10月下旬再扣棚，结合进行保护地栽培，可实现四季开花结果的目的，弥补国内夏秋无鲜食草莓的空缺。

## 3. 安娜

安娜是西班牙中早熟的草莓品种，其亲本为86-175×85-20，1993年引入我国。

植株生长势中等，株形直立紧凑。匍匐茎抽生能力稍差。叶片浅绿色，较大，中间小叶近圆形，叶片厚，质地硬，有光泽。叶柄较短，粗度中等，茸毛少。花序梗粗，斜生，花序高于或平于叶面，每株有花序2~4个，每个花序7~15朵花。第一级花序果实平均单果重21 g，最大单果重48 g。果实呈圆锥形或扁圆形、宽楔形不等，果面鲜红色，平整，有光泽。果肉红色，髓心大，肉脆味甜，香气淡，品质优良。种子呈黄色，平嵌或微凹入果面。果实硬度大，耐贮运性好。

该品种丰产性较好，平均亩产量为1 500 kg。耐高温，花芽分化容易，一年四季均可以结果。休眠期极短，是温室一室两茬栽培中第一茬草莓的主栽品种，也可以在冷棚和露地栽培。

## 4. 巨型月季草莓

巨型月季草莓是大果型四季草莓品种。

植株生长势中等，株形较开张。叶片深绿，呈椭圆形。果实大，第一级花序果实平均单果重22 g，最大单果重65 g。果实呈圆锥形，果面鲜红色，有光泽。果肉橙红色，果心较实，味酸甜可口，硬度大，耐贮运性好。

在吉林地区进行露地栽植，第一批果实于6月中旬成熟，以后7—10月份只要温度适宜，可月月开花结果，直到10月份上冻时，可见到花果被冻僵在植株上。若采用设施栽培或在南方栽培，温度达20 ℃左右时，冬季仍可月月结果。第一批果实每亩产量可达1 800 kg，全年累计总产可达5 000 kg。适合露地栽培、设施栽培、庭院栽培及盆栽。

## 5. 红花草莓

红花草莓是1999年沈阳农业大学从欧洲和日本引进的开红花的四季草莓品种。

植株较矮，一般为5~10 cm。叶片小，颜色深绿，有光泽，呈卵圆形，叶面平展。匍匐茎红色，繁殖能力极强，每一母株当年可繁殖匍匐茎苗40~100株。匍匐茎苗边抽生匍匐茎边开花。花大，粉红色，极鲜艳，全年可以不断开花，间歇期短，以春季开花最盛。单株开花量大，单花可持续5~7 d。果实小，一般5~10 g，红色，酸味较浓。

红花草莓观赏性极强，主要用于室内盆栽或露地栽培，也可吊养，可长年观看花、果、叶，而且栽培管理容易。

## 6. 长虹2号

长虹2号是中早熟四季草莓品种。由沈阳农业大学从美国引进的杂交种子后代中选育，杂交亲本为MSUD4355 × Tribute，1989年定名。

植株生长势中等，株形较开张。匐匍茎抽生能力较差。叶片深绿色，呈椭圆形。花序低于叶面。第一级花序果实平均单果重21 g，最大单果重48 g。果实呈圆锥形，果面鲜红色，整齐而有光泽。果肉橘红色，肉质细，果汁多，酸甜适口，香气浓。种子微凸出果面。果实硬度大，耐贮运。

该品种较丰产，平均每亩产量为1 500 kg。适应性广，抗寒、抗旱、抗病与抗晚霜的能力均较强。适合露地栽培和盆栽。

## 7. 林果四季

林果四季是北京市农业科学院林业果树研究所从国家草莓种质资源圃选出的早熟四季草莓品种。

林果四季平均单果重11 g，最大单果重43 g。果实呈楔形，果面红色，外观较好。风味甜酸适度，稍有香味，果实硬度大，耐贮运。适合草莓秋季生产和加工。若秋季加强管理，可填补8—10月份草莓市场的空白。

## 8. 粉红熊猫

英国人吉·伊利用草莓与萎陵菜杂交，获得红花草莓品种，取名“粉红熊猫”。其花为粉红色，具四季开花习性，间歇期很短。其后美国和日本也相继培育出颜色从浅红到粉红、红、深红的红花草莓。其中日本先后育成了“红宝石”“黑石”等品种。红宝石的花为深红色，色泽鲜艳，但不结果。1999年选育出的红宝石新品系，最大单果重可达18 g。黑石的花瓣粉红色，花较小，果实呈圆锥形、鲜红色。

红花草莓比一般栽培草莓植株矮，株高仅5~10 cm，花大、直径约3.8 cm、粉红色、外观漂亮，四季开花，以春季开花最盛。单株花量大，单花可持续开6 d左右。果小，一般为5~10 g，有草莓特殊味道，但酸味较浓。红花草莓主要用于观赏，可室内盆栽，也可露地栽培。盆栽时，采用一般的养花基质(也宜无土栽培)，放于阳台、窗台、院内或棚、室内，也可吊养。由于长年开红色花、结红色果，并有绿色三瓣小叶陪衬，因而观赏性极强，极能吸引人。

# 第二章

Chapter 2

# 草莓高标准种植技术

## 一、草莓的生物学特性

草莓是蔷薇科草莓属多年生草本植物。植株矮小，呈半丛生状态生长，一般株高不超过 35 cm。草莓植株由根、茎（新茎、根状茎、匍匐茎）、叶、花、果、种子等构成。

### 1. 根的结构与功能

草莓大多为无性繁殖，其根系是茎源根系，主要由不定根组成，属于须根系（图 2-1）。根系分布比较浅，70% 的根系分布在 30 cm 土层里，对干旱、高温、寒冷耐性差。

### 2. 茎的类型与生长特性

草莓的茎根据形成时间以及功能、形态可分为新茎、根状茎和匍匐茎 3 类。

**(1) 新茎**　草莓植株的中心生长轴为短缩茎，当年萌发的短缩茎叫作新茎。呈弓背形，花序均匀发生在弓背方向，栽植时根据这一特性确定定植方向（图 2-2）。

**(2) 根状茎**　草莓多年生的缩短茎叫根状茎，是贮藏营养物质的器官。

图 2-1　草莓根系

图 2-2　草莓新茎

（3）匍匐茎　草莓匍匐茎是由新茎腋芽当年萌发抽生的一种特殊的地上茎，偶数节产生小叶和不定根，用于繁殖（图 2-3）。

## 3. 叶的形态

草莓的叶片属于三出复叶，一株草莓一年能生长 20~30 片叶（图 2-4）。气温 20 ℃左右时，一般 8~14 d 就可以长出一片新叶。光合作用有效叶龄为 28~45 d，从芯叶往外数，第三片到第五片叶子的光合能力最强。从第七片叶开始，光合作用逐渐下降。草莓叶片生长的适宜温度为 15~25 ℃，超过 25 ℃叶片生长缓慢。叶片进行光合作用的适宜温度为 20~25 ℃，30 ℃以上光合作用下降。

## 4. 芽

草莓的芽分为花芽和叶芽。花芽最终形成花序，而叶芽则分为顶芽和腋芽，顶芽萌发后向上长出叶片，当秋季平均气温下降到 17 ℃左右，日照小于 12 h，顶芽即可发育成混合花芽，最终形成第一花序。而腋芽则发育成匍匐茎，用于繁育生产苗。花芽分为顶花芽和侧花芽两种，花芽分化主要受到温度和光照的影响。草莓花芽分化从秋季开始，一般在较低温度（平均气温 23~24 ℃及以下）和短日照（日照 12.5~13.5 h）的条件下经 10~15 d 的诱导开始花芽分化。低温对形成花芽的影响较短日照更为重要，但过低温度（5 ℃以下）会使花芽分化停止，过高温度（27 ℃以上）花芽分化亦不能进行。花芽分化时，对低温、短日照的需求又是相对的。30 ℃以上高温不能形成花芽；9 ℃低温经 10 d 以上即可形成花芽，这时与昼长无关；温度在 17~24 ℃时，只有在 8~12 h 昼长的条件下，才能形成花芽。

## 5. 花的构成及作用

草莓的花为白色，一朵完全的草莓花是由花柄、花托、萼片、花瓣、雄蕊和雌蕊组成（图 2-5）。其中雄蕊数目不定，通常有 30~40 个，花药为纵裂；雌蕊离生，

图 2-3　草莓匍匐茎

图 2-4　草莓叶片

图 2-5　草莓花

螺旋状整齐排列在花托上，数目为 200~400 枚，一般花越大，雌蕊数目越多，而花越小，雌蕊数目越少。

大多数草莓品种的花为雌、雄蕊发育健全的两性花，也有部分单性花：一是雄性不育型，即雌能花，表现为花丝短，花药中花粉少，但雌蕊发育正常，异花授粉后可以正常结实；二是雌性不育型，也叫雄能花，表现为雄蕊发育正常，但雌蕊发育不完全，此类花即使人工辅助授粉后也不能结实（图 2-6）。造成草莓花器发育不健全的原因主要有 3 个：一是品种的原因。如达娜品种第一花序

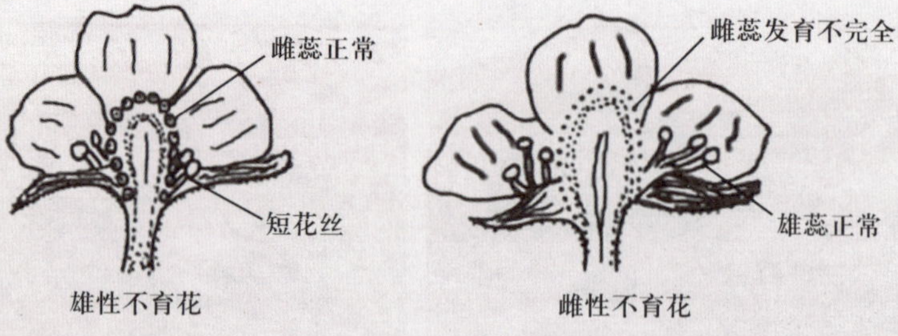


图 2-6　草莓的单性花类型

的一、二级花序常出现雄蕊发育不健全的花，表现为花丝少，花药中花粉少，花粉发芽力低。二是与发育时期有关。一般在同一花序中，随着花朵的级次增高，雄蕊的发育程度提高，而雌蕊的发育程度降低，导致高级次花不能结果或形成小果和畸形果而失去商品价值。三是与花芽分化过程中日照和温度的高低有关。花芽分化需要低温和短日照条件来诱导，但在花芽分化开始后的发育期，高温和长日照更利于花芽的发育。如果光照不足，日照缩短，会直接影响花芽形成的质量，从而形成不完全花。

## 6. 果实的形态特点

草莓的果实由果柄、萼片、花托、瘦果组成（图 2-7）。植物学上称为聚合果。我们通常食用的部分是由花托膨大形成的肉质假果，因其柔软多汁，栽培学上又称浆果。草莓真正的果实是花托上着生的许多由离生雌蕊受精后形成的小瘦果，即“种子”（图 2-8）。

图 2-7　草莓的果实

瘦果在花托表面嵌入的深度不同，有的与表面平，有的凹入表面，有的凸出表面，以种子凸出果面的品种较耐贮运。草莓果实大小与品种、果实着生位置和种子多少有关，以第一级序上的果实最大。同一品种或同一植株，种子越多，果个越大，如果授粉受精不充分，种子在果面上分布不均匀或无种子，则产生畸形果或不能坐果。草莓果实形状因品种不同而有差异，常见果形有圆形、圆锥形、扁圆形、楔形等。

草莓果实的生长速度呈单 S 形生长曲线。即在花后幼果膨大初期，果实生长缓慢；随后果实生长迅速，到成熟以前生长又逐渐减缓。

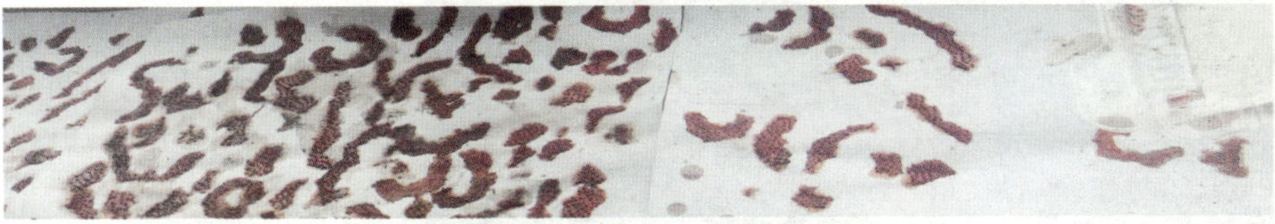
图 2-8　草莓种子

## 二、草莓对环境条件有哪些要求？

当土壤温度升高到 2~5 ℃时，草莓根状茎开始发出新的不定根，1~2 周后长出新叶。再经过 1 个月就开始抽生花序。在同一花序内，顶端的花先开，逐渐向下开放，约 20 d 开完。早开的花果成熟也早，待果实采收以后草莓进入旺盛的营养生长期。此时形成大量的匍匐茎，以后形成草莓新叶和新根，形成新苗。一般到夏末秋初，草莓根状茎顶端形成花芽，外被苞片。花芽在较低的温度（气温 10~17 ℃）和短日照（日照不到 12 h）的条件下分化。对于形成花芽来说，低温比短日照更为重要，但温度低于 5 ℃时花芽分化就停止了。不过四季草莓在夏季高温和长日照下花芽也能分化，夏季分化的花芽当年秋季能第二次开花结实。秋季分化的花芽翌年 4—6 月份开花结实。不同的品种，花芽分化期也不同（图 2-9）。

图 2-9 草莓生长

下面具体讲解下草莓对外界环境的要求，包括温度、水分、光照、土壤条件等。

### 1. 温度

草莓对温度的要求不是很高，冷凉、温暖的环境都能正常生长，耐寒性较强，但不耐热，温度适应性强。

当 10 cm 土层土壤温度稳定在 2~5 ℃时草莓根系开始活动，草莓根系在 10 ℃时开始活跃，形成新根，在 15~20 ℃时为根系最适生长温度。当土壤温度降到 7~8 ℃时，根系生长缓慢。空气温度在 5 ℃时，植株萌芽生长。此时草莓抗寒能力较低，当遇到 –7 ℃的低温时，草莓就发生冻害；–10 ℃时，则大多数植株死亡。草莓地上部分生长发育最适温度为 20~26 ℃。开花期低于 0 ℃或高于 40 ℃时都会影响授粉受精过程，影响种子的发育，致使产生畸形果。开花期和结果期最低温度不应低于 5 ℃。高温对花粉发芽的影响，虽然没有低温那样强烈，温度过高也影响很大。温度在 20~35 ℃时，花粉发芽很好，尤其是 25~30 ℃是花粉发芽最适宜的温度。但 40 ℃以上经过 3 h，大部分花粉就失去活力。根据这一特性，草莓生产中常采用高温季节遮阳光、断根、去叶片等措施，能有效地促进草莓分化花芽。秋季草莓经过多次轻霜和低温锻炼之后，抗寒力增强。

一般来说，温度低会导致前期产量低，但是总产量会保持较高水平，而且果实个大；反之，温度高，会导致前期草莓产量高，但是总产量会保持较低水平，而且果实个较小。

## 2. 水分

草莓根系分布浅，加之植株小，叶片大。蒸发面积大，在整个生长期间。几乎都在进行老叶死亡，新叶发生的过程，叶片不断更新，采收后，植株开始大量抽生匍匐茎和新茎。这些特性都决定了草莓对水分的需求量大。草莓苗期缺水，阻碍茎、叶的正常生长。结果期缺水，影响草莓果实的膨大发育，严重降低产量和质量。一般要求，草莓正常生长期间土壤相对含水量在 70% 为宜，花芽分化期在 60% 左右，果实成熟期在 80% 为好。在果实大量成熟期间，适度灌水是保证丰产的关键。草莓果实的成分中约 90% 是水。草莓吸水量从进入收获期开始逐渐增多，到收获旺季急剧增加，水分不足时，果实变小，产量也就明显下降。但是草莓并非水分越多越好，草莓不耐涝，不仅需要土壤中有适当的水分，还要求有足够的空气，长时间积水会影响植株的正常生长，降低抗寒性，严重时植株窒息死亡。

草莓对空气湿度也有严格要求。一般要求空气相对湿度在 80% 以下为好。开花期间湿度不能超过 90%，因为开花期间湿度过大影响受精，容易产生畸形果。生长期间湿度过大容易感染病害。生产中空气湿度过低时，草莓就利用气孔等调节器官的机能来控制蒸腾量，间接地影响了光合作用量和养分的输送。空气湿度过高时，则抑制草莓授粉受精，加重灰霉病、芽枯病、白粉病等病害的发生，且降低草莓生产果实品质和产量。若草莓花期空气相对湿度超过 90%，还会造成花药不能开裂，花粉粒易吸水膨胀破裂或难以与柱头黏着，致使不能授粉受精。空气相对湿度降到 60% 或再低一些，则叶面就不再凝水，病原菌得不到必需的水分，就难以造成病害。

### 3. 光照

草莓十分喜光，同时又耐阴凉。草莓种植时，可以将其放在幼年果园的中间地块，既可以满足光照，又可以维持一定的阴凉性，同时可提高土壤利用率。但是过于密植或遮光的条件下，会出现叶柄细长、花小，叶色浅、果实小、果色浅、成熟慢，且品质较差。光照不足还会影响花芽形成，并使根状茎贮存的养分相对减少。但光照过强，也能抑制草莓根状茎的生长。草莓在不同的生长时期，对光照的长度需求不同。比如，在旺盛生长时期和开花结果时期，最佳日照长度为 12~15 h；而在花芽分化阶段，需要的日照长度为 10~12 h 及以下。在冬季，要想诱导草莓进入休眠，需用 10 h 以下的短日照来实现，而唤醒草莓则需要用长日照。

### 4. 土壤

草莓是浅根性植物，80% 以上的根部集中分布在土壤表层 25 cm 以内。因此，土壤是否适宜栽培草莓，在很大程度上取决于土壤表层的结构和质地。草莓适合在地下水位不高于 80~100 cm，pH 5.5~6.5 的土壤中生长，并要求土壤肥沃疏松、透水、通气的中性、微酸性或微碱性（图 2-10）。在沙质土壤上，如果能多施有机肥，勤灌水，草莓则着色好，含糖量高，成熟期可提前 4~5 d。

## 三、草莓的物候期

草莓在一年的生长发育过程中可分为以下几个时期。

### 1. 萌芽和开始生长期

此阶段从植株开始萌芽到花蕾出现，以根系生长为主。当地温稳定在 2 ℃以上时，根系开始萌动；当气温达到 5 ℃以上时，地上部开始生长。

### 2. 现蕾期

当地上部生长 1 个月左右，新茎展开 3 片叶时，花序在第 4 片叶的托叶鞘内显露，随后花序梗逐渐伸长，直至露出整个花序，这就是草莓的现蕾期。此期植株仍以营养生长为主，大约持续 15 d（图 2-11）。此期以催花为主，喷施药剂促其早开花，多开花，提高花的质量，利于授粉受精，提高结实率。

### 3. 开花结果期

此期是指从植株开花直至果实成熟为止(图2-12)。一般每朵花可开放3~4 d,由于草莓的花是聚伞状花序,开放时按照花序的级次而先后开放,整个花期可持续20~30 d,从开花到果实成熟需要1个月左右。草莓果实发育的特点:草莓果实由细胞分裂使细胞数增加和细胞本身膨大而形成。细胞分裂时期是从花蕾期到开花或谢花期,分裂盛期在开花

图2-10　草莓土壤

图2-11　草莓花蕾期

图 2-12　草莓花果同期

期。谢花以后，细胞数目的增加数减少，后期草莓果实主要依靠细胞体积膨大而生长。因此，谢花以后，应以促进细胞分裂，加速膨大为主。从果实外部看，草莓在开花后 15 d 内果实生长比较缓慢，在开花后 15~25 d 内果实急剧增大，平均每天可增重 2 g 左右，以后再次缓慢，直到开花后 32 d 开始进入成熟期，生长停滞。

影响果实发育的环境因素有：①温度。温度低时，从开花到成熟所需时间长，果个大；温度高时，果实发育时间短，果小早熟，没有产量。昼夜温差大，光合产物积累多，呼吸消耗少，形成果个大，果实品质好。②光照。光照充足，光合作用旺盛，同化(将其他物质转化成自身所需物质）率高，碳水化合物向果实供应较多，果实膨大快。果实成熟期如遇阴雨天气，果实中糖分含量和维生素 C 含量则会明显降低，影响果实品质。③土壤水分。草莓鲜果中水分含量为 88%~93%，土壤水分充足，果实膨大快，品质好。水分不足，果实干瘪无光，果个小。在成熟期间低光照、氮肥过量以及果实含糖量低是引起白果病（浆果成熟期不能正常着色）的主要原因。

从开花到果实成熟需要 1 个月左右，早、中、晚熟品种有差异，最短的 18 d，最长的 41 d。此期植株由营养生长为主转向以生殖生长为主，越冬根的加长生长停止，短缩茎上开始发生新的初生根。地上部叶数和叶面积也迅速增加，光合产物增多，以便提供足够的营养物质供应果实发育成熟。在果实的膨大期，开始逐渐生长匍匐茎，但数量较少。草莓的结果期可持续 20 d 左右。

### 4. 旺盛生长期

果实采收后，植株进入旺盛生长期，腋芽大量发生匍匐茎，新茎分枝加速生长，新茎基部发生不定根，形成新的根系，并形成大量分株苗。此期应促进营养生长，加强对分株苗的管理，做好中耕除草、排涝和病虫害防治，此期应以促进营养生长为主。

### 5. 花芽分化期

在旺盛生长期之后，随气温降低和短日照到来，花芽开始分化，标志着植株从营养生长转向生殖生长，叶片制造的营养向根部和茎部转移。此期如果花芽分化不好，形成的花药及花粉的质量都不高，这样会严重影响授粉受精，从而产生畸形果。

### 6. 休眠期

秋末冬初，随着气温的进一步降低，日照进一步变短，草莓停止了生长，开始进入休眠阶段。这是草莓植株适应冬季低温而形成的一种耐寒的生理状态。不同地区进入休眠的时期不同。北京地区一般在 10 月下旬开始进入休眠期，11 月中旬进入深休眠期，12 月中旬以后休眠逐渐解除，影响草莓休眠的外在因素主要是日照长度和温度。一般长日照能促进生长，短日照则促进休眠。实验证明，日照长度的影响比温度的影响更大。光照强度也是影响草莓休眠的因素，即使处于长日照条件下，如果光线过弱，也会引起植株休眠。

## 四、草莓土壤应如何进行改良？

为了防止连作障碍及重茬危害影响草莓的生长和产量，应当在当季种植完毕后，对土壤进行消毒处理。

### 1. 物理消毒方法

**(1) 太阳能消毒（高温闷棚）** 太阳能消毒技术是借助太阳能对棚室和土壤进行消毒的一种方式，具有成本低、污染小的特点，并且能与其他物理、化学消毒方式兼容。采用这种方法能够有效消除多种病菌、杂草及线虫，与其他土壤处理方法结合可进一步提高消毒效果。

二维码 2-1
草莓清园后基质
消毒处理

太阳能高温消毒通常在6—8月份进行，将田块中的杂草杂物清理掉，灌1次透水，过3~4 d，在其上均匀撒放切碎作物秸秆（用量7 500 kg/hm$^2$）和石灰氮（用量1 250 kg/hm$^2$），用旋耕机旋两遍，使秸秆、石灰氮和土壤混合均匀。用废旧棚膜覆盖地面，如有破损处用小塑料袋装入少量土封严，保持封闭状态，同时封闭塑料大棚棚膜。利用两层膜保温，提温效果很好，遇到连续晴天，表土温度可达70 ℃以上，15 cm土层温度可达50~60 ℃，25 cm土层温度也可达45 ℃。盖膜处理时要经常进行检查，防止地膜边角漏气，发现薄膜破损，应及时盖土，防止漏气。太阳能高温消毒时间，一般根据天气状况、盖膜层数和地温高低来决定。处理过的土壤揭膜后，用旋耕机旋一遍，即可整地做垄，定植草莓。

**（2）蒸汽消毒** 使用80~100 ℃的蒸汽对土壤进行处理可以有效地控制绝大多数土传病原真菌和杂草。在世界范围内，蒸汽正逐渐作为一种土壤消毒替代品使用。一些新的更有效的蒸汽运用方法正在研究。在一些情况下，由于有毒化合物的释放可能抑制植物的生长，或杀死有益的真菌，如菌根真菌。种植前灌水可以降低蒸汽熏蒸后产生的毒性。但是由于土壤蒸汽消毒的费用相当高，一般仅在温室条件下生产经济价值很高的作物时才使用。

## 2. 化学消毒方法

熏蒸剂消毒技术是采用化学熏蒸剂对土壤进行消毒的技术，具有见效快、受环境条件影响小、消毒彻底等优点。但是熏蒸剂处理技术对操作人员要求较高，熏蒸剂种类及用量要严格按照规定进行使用，使用完后要对土壤进行充分晾晒，避免有害物质在土壤中残留，影响草莓生长。

**（1）棉隆熏蒸消毒** 棉隆是一种广谱熏蒸剂，对人畜毒性低，对防治土壤中的病原菌、线虫、地下害虫及杂草十分有效。棉隆为固体微粒剂，毒性低，运输比较方便，但农户使用成本相对较高。

用棉隆进行土壤消毒时，首先施入基肥，然后翻耕整地，灌水，土壤保湿3~4 d后，旋耕机进地操作。先将98%棉隆微粒剂均匀撒施在土壤表面，用量为25~35 g/m$^2$，然后立即用旋耕机旋耕，深度30 cm，使药剂与土壤混合均匀，最后用农膜严密覆盖。撒药、旋地、覆膜时间要紧凑及时，否则药剂与水反应后会放出熏蒸气体，不但影响人工操作，还会影响到处理效果。密封10~15 d后揭去农膜，松土并通气10 d以上待用。

用棉隆对土壤熏蒸消毒，农膜密封的时间和土壤通气时间与土壤温度高低有关，当土壤温度较高时需要的时间相对较短，而当土壤温度较低时需要的时间相对较长。

**（2）威百亩熏蒸消毒** 威百亩是一种具有熏蒸作用的杀线虫剂，毒性低，能溶于水，能有效杀灭土壤中根结线虫、杂草等有害生物。用威百亩对土壤进行消毒时，先整好地，按照12~23 kg/亩药剂使用量，将其兑水均匀浇入土壤中，兑水量多少以药液能够渗透湿润15~20 cm土层土壤为度。然后盖好地膜密封严实。

图 2-13 石灰氮处理

在夏季气温较高，覆膜28~42 d后揭去地膜，松土并通风透气2~7 d后，整地做垄，定植草莓。

**(3) 石灰氮消毒** 石灰氮学名为氰氮化钙，在土壤中经过水解，能产生单氰胺和双氰胺等氢氮化物，是一种药肥两用的土壤消毒剂，用其处理土壤不仅可杀菌、灭虫，起到防治草莓土传病虫害、减轻草莓连作障碍的作用，还能给土壤补充氮、钙肥，提高土壤肥力，改善土壤结构(图 2-13)。

一般消毒时间可从6月初开始至7月底，先在土壤表面撒施石灰氮，每亩用石灰氮70~100 kg和未腐熟的有机物300~500 kg，用旋耕机深翻入土中，整平后做畦，用透明薄膜加棚室大棚膜两层膜密封，从薄膜下浇水，浇至畦面湿透，持续30~40 d后揭膜。石灰氮在土壤中水解产生的氰胺对土壤中的真菌、细菌、根结线虫、地下害虫和杂草种子有显著的杀灭作用，而石灰氮最终完全降解产生的尿素、氢氧化钙等物质，对环境不会造成污染。但石灰氮单用时对土传病害和地下害虫尚达不到满意的效果，只有结合薄膜密封形成高温环境才能显著提高处理效果。

## 五、温室草莓的栽培方式有哪些？

我国气候复杂，不同地区草莓的栽培方式不同，但主要以温室和塑料大棚推广和半推广为主。北方以日光温室和塑料大棚为主，南方以塑料大棚为主。

20世纪80年代以来，草莓由单一的露地栽培转变为以半促成栽培、促成栽培为主的保护地栽培，形成了加工生产以露地栽培为主，鲜果以温室、日光温室栽培为主的规范的草莓种植模式以及生产格局。

日光温室和冷棚栽培草莓的技术在近年来发展迅速，通常将该栽培方式分为两种，一种是半促成栽培，一种是促成栽培。

### 1. 半促成栽培

在草莓植株进入秋季后，结束了花芽分化，通过技术让其继续处于以下的低温状态，从而促使其进入休眠。当植株进入冬眠后，实施扣棚保温操作。之后在结束草莓休眠过程中，采用高温、人工补光或者赤霉素等措施来打破草莓的休眠，这样草莓就可以恢复正常生长状态。这种半促成栽培技术只能应用于休眠较深的中熟或寒地晚熟品种。由于该品种的花芽分化十分充分，且满足低温的条件，所以保温过后植株会成长得更加健壮，产量也会有所提升。采果期通常在3—5月份，或者往后。

### 2. 促成栽培

促成栽培方式应用于草莓在自然条件下完成分化花芽工作，但是还没有进入休眠这段时期，采取的一种扣棚保温技术。选择休眠较浅的草莓品种，在其自然状态下还没有进入休眠时，提前保温。通过赤霉素、高温或人工补光等手段防止植株进入休眠期。将其放在适宜的温度下，让其正常生长、结果。这种栽培形式可以实现草莓全年供应，在同等草莓生长期中结果和上市时间最早，所以也叫人工特早熟栽培技术。这类草莓的第一期采果时间在12月份至翌年2月份，第二期采果时间在3—5月份。

## 六、温室草莓的栽培类型有哪些？

### 1. 土培法

土壤栽培是草莓最传统的栽培类型，现在许多设施栽培仍采用土壤栽培。草莓最适合种植在风沙壤土中，因其具有良好的通气性、肥力和较强的保水保肥能力。草莓适宜在中性或微酸性土壤中生长，但不适宜在盐碱土和石灰性土壤中生长。

### 2. 水培法

**(1) 深液流技术(DFT)** 深液流技术由种植槽、种植板、储液罐和循环供液系统等4个部分组成。将草莓幼苗种植在种植板上，悬浮于营养液的上方，根从种植板生长到营养液中吸收营养。

**(2) 营养液膜技术(NFT)** 营养液膜技术是一种在浅层流动营养液中种植草莓幼苗的水培技术。营养液由水泵从储液罐中抽出，通过输水管进入培养罐，从培养罐另一端流入回水管，再返回储液罐。传统的深流栽培技术需要设置较深的栽培池，但栽培池成本相对较高，草莓根系需氧问题难以解决。营养液膜技术可以解决这一难题。



**(3) 气雾培** 通过喷雾装置将营养液喷入草莓根部，为草莓生长提供所需的水分和养分，草莓根部也可以进行有效呼吸。该技术在草莓栽培中尚处于技术研究阶段。

### 3. 基质栽培

基质栽培是将草莓种植在栽培基质中，基质为草莓提供所需的稳定、协调的水、气、无机离子等。目前，草莓是在基质上种植，通过滴灌系统添加营养液。研究内容主要集中在草莓培养基配方的选择、草莓专用营养液的制备、草莓培养基的技术调控以及对草莓品质的影响等方面。按基质类型可分为无机基质、有机基质等。

**(1) 无机基质** 无机基质是指不含有机质、化学性质稳定的基质，主要有珍珠岩、蛭石、砂、陶粒、岩棉等。无机基质是草莓基质栽培最常用的基质。

**(2) 有机基质** 有机基质是指利用农业下脚料等有机物质，经发酵或高温处理后混合，形成相对稳定和缓冲的栽培基质。有机基质最大的优点是营养丰富，具有团聚或颗粒化作用，具有保持孔隙率，能促进根系的良好生长。目前，国外栽培基质研究与实践，如加拿大利用锯末栽培草莓、以色列用牛粪和葡萄渣栽培草莓、英国采用椰子纤维栽培草莓，在产量和品质上取得了良好的效果。

## 七、草莓高架栽培有哪些模式?

高架栽培在日本、美国、荷兰等国家得到了广泛的应用。高架栽培可以降低劳动强度和栽培成本，有利于规模经营、发展休闲农业等诸多优势，因此，草莓高架栽培在我国也逐渐成为研究热点。一般来讲，高架栽培中草莓栽培架的制作材料多是镀锌管或不锈钢管，草莓栽培槽则是以无纺布等一些透气材料制作，栽培槽内添加栽培基质，结合水分以及植物所需无机离子制作而成的设施进行高效栽培(图 2-14)。这种草莓栽培模式可以实现草莓的立体化栽培，栽培生产过程管理更加精准。

常用的草莓立体栽培(图 2-15)模式多样，包含不同架式栽培、立柱式栽培。立体栽培充分利用设施内空间，增加单位面积种植植株数量、节省劳动力、减少土传病虫害，经济效益高、可观赏性强。

图 2-14 草莓高架栽培

图 2-15　不同草莓立体栽培模式

图 2-16 草莓立柱式栽培

## 1. 立柱式栽培

立柱式栽培(图 2-16)采用 PVC 或 PE 管材,在管上朝上方向开种植孔,螺旋排列,上端用滴灌管供给营养液,营养液层层渗透,可循环利用。充分利用温室空间,采光良好,提高空间利用率,显著提高单位产量。

## 2. H 形高架栽培

H 形栽培架(图 2-17 和图 2-18)一般是指建立距地面高 1.2 m 的 H 形高架,下部可直接埋入地下 20~30 cm,也可固定在地面上,架上安装栽培槽,或利用 PVC 膜、黑白膜、防虫网、无纺布包裹基质,采用水肥一体化技术施用肥水的栽培模式。

## 3. A 字形高架栽培

A 字形栽培架是由金属焊接而成的,左右两侧各安装 1~3 层栽培槽,总层数为 3~7 层,不同层间距以不影响植株光照为宜,层间距可设为 57 cm,栽培架宽为 120 cm 左右(图 2-19)。栽培槽可用 PVC 槽或自制,直径

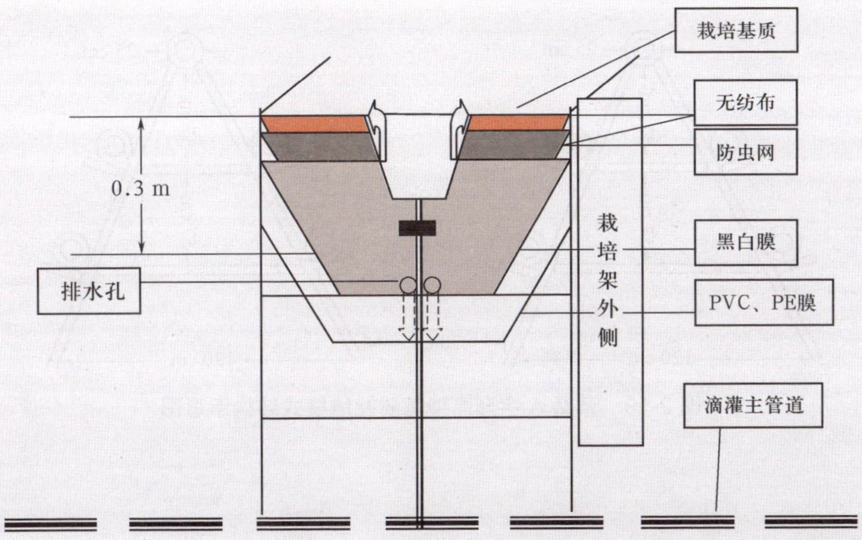


图 2-17　草莓 H 形高架基质栽培模式结构示意图

图 2-18　草莓 H 形高架栽培

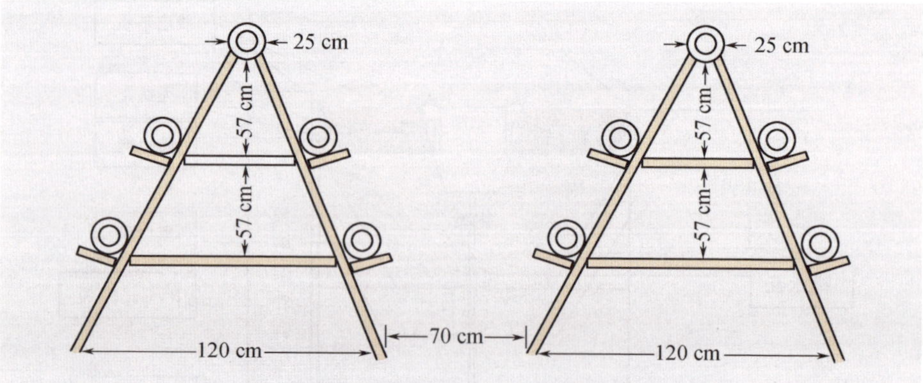


图 2-19　草莓 A 字形高架基质栽培模式结构示意图

为 25 cm，南北朝向放置。立架南北向放置，各排栽培架间距为 70~80 cm。

A 字形高架栽培模式大大减轻了劳动强度。单位面积栽培的草莓数量是平地栽培的 2 倍，产量比原来提高 1.6 倍。

## 4. 可调式悬挂栽培

悬挂栽培模式是将栽培槽悬挂于空中，槽中装有基质，分为固定式悬挂和可调式悬挂两种，也是现在非常流行的一种栽培模式。可调式悬挂栽培模式平时栽培槽可紧密排列，当需要进行行间操作时，可电动控制以调整栽培槽的悬吊高度与间距，草莓采光良好，长势强、品质高，结出的草莓可形成一道类似瀑布的壮观景象，称为“草莓天瀑”（图 2-20）。

图 2-20　草莓可调式悬挂栽培

## 5. 后墙管道栽培

在日光温室后墙上设置通长的栽培管道，可根据后墙高度设置一定数量的栽培排架。栽培管道一般采用常见的PVC管，并将PVC管置于水平的钢架结构上固定(图2-21至图2-23)。此栽培模式能有效利用空间，适合观光农业中的绿色回廊，既美观又低碳高效。

图2-21　草莓后墙管道立体栽培

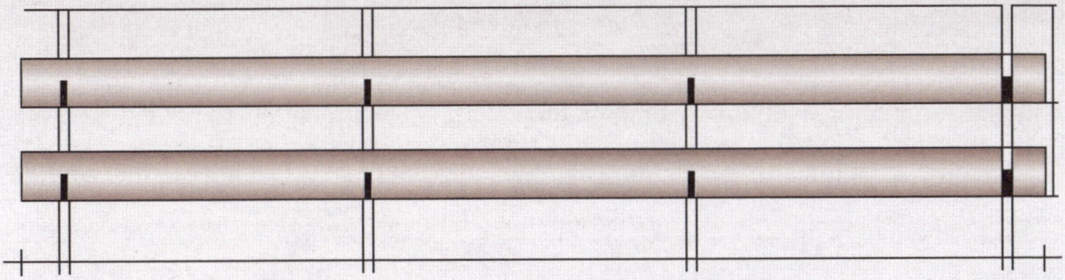

图2-22　草莓后墙管道基质栽培模式整体示意图

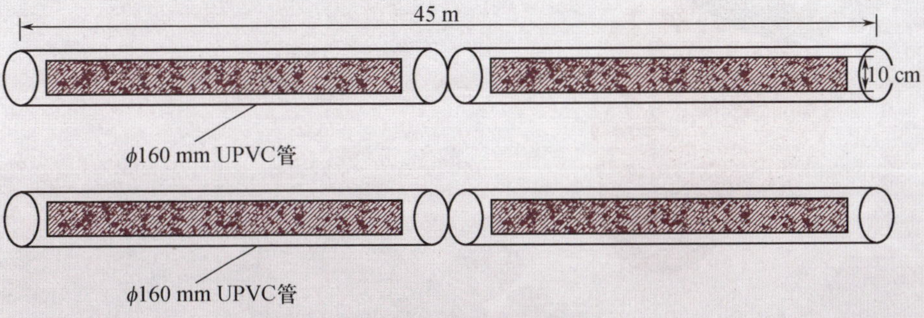


图2-23　草莓后墙管道基质栽培模式剖面图

# 第三章
Chapter 3

# 温室草莓周年管理技术

日光温室草莓促成栽培具有鲜果上市早、供应期长、产量高、效益好等优点。鲜果最早可以在11月下旬采收上市，比露地栽培提早5~6个月，持续采收到翌年5月份，采收期可长达6个月左右，供应鲜果时间比露地栽培延长5个月左右。促成栽培时可使草莓植株抽生较多花序，连续结果，产量高，且鲜果上市时正值水果生产淡季，市场售价高，因此经济效益很高，通常每亩栽培效益在3万~5万元。但促成栽培正值冬季最寒冷的季节进行温室生产，与露地及温室半促成栽培相比，栽培管理技术更为复杂，因此必须采用相应的配套技术措施。

## 一、品种选择

日光温室草莓促成栽培，选用休眠浅、花芽容易分化、果个大、成熟期早、丰产稳产、花器耐寒性强的暖地型品种较为适宜(图3-1)。城郊经济发达地区以果实品质好的品种为主，如丰香、红颜、幸香、枥乙女、静香、丽红、甜查理等；偏远的经济不发达地区以栽培果实产量高、硬度大的品种为主，如弗吉尼亚、童子1号、吐德拉等。

## 二、壮苗培育与处理

### 1. 壮苗培育

草莓促成栽培与半促成栽培相比，采收期早，产量高，花前生育期较短，所以对苗木质量要求更高(图3-2至图3-4)。

一般半促成栽培只要秧苗壮，花芽分化好，分化多就行，而促成栽培不但要求花芽分化好，还要花芽分化早。为此，在培育促成栽培用苗时要掌握好3个时期的管理。

**(1)匍匐茎苗的发育期**　在草莓花芽分化前，要看苗施肥，一般在8月上旬之前可每亩追施尿素8~10 kg或磷酸二铵10~15 kg，1~2次，以促进秧苗根系发达，生长健壮。

**(2)草莓花芽分化期**　草莓花芽分化期要中断氮肥供应，以防植株旺长，推迟花芽分化，这个时期每亩可以追施磷酸二氢钾10~15 kg，为了防止秧苗旺长，可提前到8月中旬中断氮肥的施入，并在花芽分化期间，对旺长苗进行断根处理。

图 3-1　草莓果实

图 3-2　草莓工厂化育苗

图 3-3　草莓高架育苗

图 3-4　草莓组培育苗

断根的方法是用三角刀在离植株 5 cm 处切断根系，深度约 10 cm，并把土块微微向上松动一下，根据秧苗长势，断根可处理 2~3 次。

**(3) 子苗充实期** 当草莓花芽分化以后，恢复氮肥供应，一般每亩可追施氮、磷、钾三元复合肥 15~20 kg，这样的秧苗不但开花结果早，而且连续结果能力强、果数多、果个大、产量高。

进行促成栽培时，苗木的选择标准是：顶花芽分化已经开始，具有 5~7 片展开叶，新茎粗 1.2~1.5 cm，苗重 30 g 左右，叶柄短粗，根系发达，具有 4 条以上长达 5 cm 的根系，没有明显的病虫害与机械损伤。

## 2. 种苗处理

**(1) 种苗的暂时存放** 运输时，种苗密集积累过多热量，需及时打捆散热、进行降温，降低种苗自身的消耗。避免暂时存放的草莓种苗根系失水导致种苗死亡，需及时喷水。为了快速恢复植株的含水量，最好采取全株喷水。喷水后避免种苗失水过快，可用湿毛巾包裹根部或用湿草苫盖在草莓苗上，缓解草莓根系失水的速度，保持根系的含水量，保护好草莓的须根系。

**(2) 种苗的分级** 种苗的大小分级是草莓定植的关键环节，大苗与小苗分开种植便于后期的管理。在草莓苗分级过程中，要遵循大小相对分级，不是一个固定的标准。在草莓生产中，一般分为 A、B、C 三个等级(图 3-5)。A 级标准：新茎粗 1 cm 以上，4 叶 1 芯，10 cm 长的主根 10 条以上。B 级标准：新茎粗 0.8 cm以上，3 叶 1 芯，8 cm 长的主根 8 条以上。C 级标准：新茎粗 0.6 cm 以上，

图 3-5 草莓脱素苗三级育苗体系

3 叶 1 芯，6 cm 长的主根 6 条以上。新茎粗小于 0.4 cm 的草莓植株不适宜温室促成栽培。

**(3) 种苗的修剪** 在修剪种苗时要注意尽量减少伤口，降低病菌入侵的概率。草莓根系保留 15~20 cm，避免过长而导致窝根，过短则伤害过多的毛细根而不利于缓苗。在去老叶和病叶时，如果叶柄基部的叶鞘没有形成离层，不宜强行掰去叶柄，否则从草莓基部的伤口流出大量的伤流液，降低草莓植株的抗病力；应该保留一段叶柄，叶柄长度最好在 16~20 cm，以利于后期快速去除老叶柄。如果草莓植株叶片较大且很多，应该在定植时将叶片的 1/3~1/2 用剪子剪掉，减少叶片水分散失。在去匍匐茎时应注意，如果匍匐茎较粗，最好用剪子在距离种苗 10 cm 处截断，不要直接在根部扯断，否则造成较大的伤口，容易使致病微生物侵染，让植株感染病害。

**(4) 种苗的消毒** 对种苗进行浸泡消毒，既可以杀死致病菌，又可以为草莓苗提供水分，补充运输过程中草莓苗失去的水分，提高草莓种植的成活率。可选用 25% 阿米西达悬浮液 3 000~5 000 倍液、50% 多菌灵可湿性粉剂 500 倍液或 25% 醚菌酯 300 倍液等广谱性杀菌剂对草莓种苗进行消毒。

## 三、定植前的准备

### 1. 栽培槽和水肥系统安装

**(1) 栽培槽设计** 栽培槽有 U 形、梯形等多种形式，可直接由钢管焊接而成，栽培槽从里到外依次为无纺布、防虫网、黑白膜，做成深 30 cm，内径宽 35~40 cm 的凹槽，最外层用 PVC 或 PE 膜进行包裹，防虫网内装基质，装好基质后，预留一小段空隙作为排水通道；也可用泡沫栽培槽或 PVC 栽培槽，实际生产上为节省成本以自制和泡沫栽培槽为主（图 3-6 至图 3-9）。

二维码 3-1
栽培架安装使用

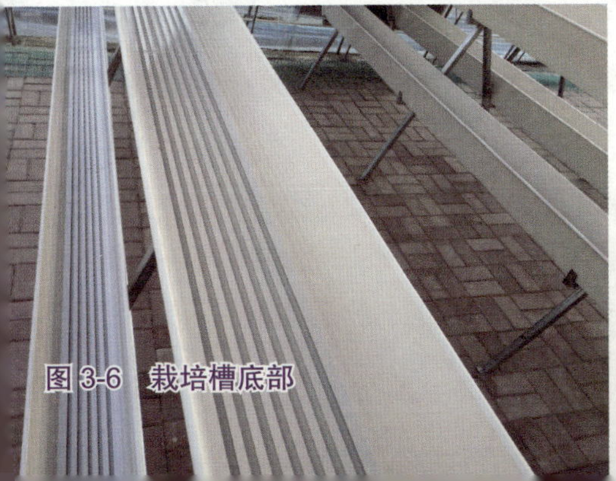

图 3-6 栽培槽底部

图 3-7 栽培槽安装

图 3-8　草莓种植架安装完毕

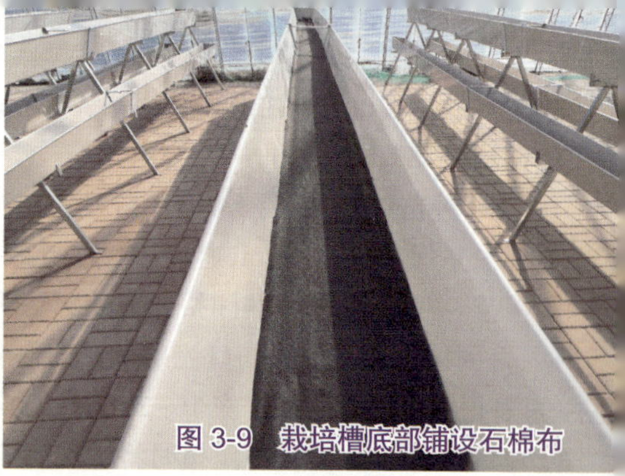

图 3-9　栽培槽底部铺设石棉布

**(2) 安装滴灌施肥系统**　滴灌施肥系统即水肥一体化系统，有智能施肥机和比例施肥器或简易文丘里施肥器几种，连接主管道和支管（图 3-10 至图 3-12）。主管一般采用直径 32 mm 的 PVC 管，滴管采用滴距 15~20 cm（依据草莓株距来定）的滴灌带，每行草莓配备 1 根滴灌管，排水管直径一般为 110 cm 以上。

图 3-10　滴箭

图 3-11　滴灌阀门

图 3-12　铺设滴灌带

## 2. 栽培基质铺装及消毒

**(1)常见基质类型**

1)草炭　草炭又叫泥炭、泥煤。它是由于各种植物残体在水分过多、通气不良、气温较低的条件下未能充分分解,经过上千年的腐殖化后,堆积形成的一种不易分解,性质十分稳定的有机物。草炭的含水量为60%~80%,在水分含量低的情况下,还可从空气中吸收20%的水分,在农业利用中,可改善保水性;有机质含量为30%~90%,腐殖酸含量为10%~30%,高者可达70%以上,灰分含量为10%~70%;还含有22种氨基酸,丰富的蛋白质,腐殖酸态氮、磷、钾含量较多,含有钙、锰、硅及其他多种微量元素。在草莓生产上,应用的草炭厚度最好不小于0.3 cm。

二维码3-2
基质配比

2)蛭石　蛭石是一种天然、无毒的黏土矿物,由云母风化或蚀变而成。蛭石属硅酸盐类物质,层间存在大量的阳离子和水分子。蛭石为褐黄色至褐色,有时带绿色色调,为土状光泽、珍珠光泽或油脂光泽,不透明。园艺用蛭石的常规规格有2种:1~3 mm(用于育苗)、3~5 mm(用于无土栽培等)。蛭石具有良好的阳离子交换性和吸附性,可改善土壤的结构,蓄水保墒,提高土壤的透气性和含水性,使酸性土壤变为中性土壤;可起到缓冲作用,阻碍pH的迅速变化,使肥料在作物生长介质中缓慢释放,并且允许稍过量地使用肥料而对植物没有危害;向作物提供自身含有的钾、镁、钙、铁及微量的锰、铜、锌等元素;蛭石的吸水性、阳离子交换性及化学成分特性,使其具有保肥、保水、储水、透气和矿物肥料等多重作用。

3)珍珠岩　珍珠岩是一种火山喷发的酸性熔岩,是经急剧冷却而成的玻璃质岩石,因其具有珍珠裂隙结构而得名。园艺用大颗粒珍珠岩是由珍珠岩经筛选分离而成的,常规规格有2种:2~4 mm、4~7 mm。内部呈蜂窝状结构,吸水量可达自身重量的2~3倍。珍珠岩具有良好的透水透气性能,是栽培和改良土壤的重要基质,可以有效地降低土壤的黏性和密度,增加土壤的透气性,提高栽培效果。

4)椰糠　椰糠是由椰子外壳加工而成的天然种植材料,经加工处理后的椰糠非常适合培植植物,是目前比较流行的育苗、种植基质,适合蔬菜、花卉、水果的无土栽培。常见的椰糠压缩块是水藓草炭的理想替代物,可应用于农田、园艺、景观、育苗、高尔夫球场、蘑菇生产等领域。目前,椰糠脱盐没有制定明确的标准,盐分含量差异很大,限制了其推广应用。一般椰糠的pH为5.0~6.8,碳氮比约为80∶1,有机质含量为940~980 g/kg,有机碳含量为450~500 g/kg。保水透气性好,结构稳定。

**(2)基质配比**　草莓宜选用保水性好、通透性能好的轻型基质,可用草炭、珍珠岩和蛭石等进行配制,也可用椰糠、菌渣、稻壳、茶叶渣等作为基质原料。通常使用草炭基质的配比为草炭：蛭石：珍珠岩 = 2：1：1，也可添加椰糠等效果会更好，或购买配好的草莓专用基质。锯末、秸秆、稻壳等也常用作基质使用。定植时每亩施有机肥 10~15 kg，若定植时未加有机肥，待草莓苗正常生长后追肥也可。草莓栽培基质 pH 为 5.2~6.8（最适宜 pH 为 5.5~6.5），EC 值为 0.5~1.8 mS/cm。

**(3) 铺装过程** 装槽时，栽培槽内尽量装满基质，保证槽中间基质要凸起 3~5 cm，两侧与栽培槽边缘齐平，基质装完后应先灌水润湿，避免浇水后基质下沉，不方便补充（图 3-13）。

**(4) 基质消毒** 基质连续多年栽培草莓，会产生连作障碍，需要进行处理。可以采取高温曝晒消毒，在栽培槽中灌满水，堵住排水口，用无色透明地膜覆盖基质，密闭温室，维持 30~40 d，可达到较好的消毒效果。消毒也可以利用化学药剂进行土壤消毒。

## 3. 安装遮阳网

遮阳网俗称凉爽纱，是以聚烯烃树脂为主要原料，经加工拉丝后编织成的一种轻质、高强度、耐老化网状的新型农用覆盖物（图 3-14）。安装遮阳网具有以下优点：减弱光照强度和降低温度。使用遮阳网遮荫，可使盛夏时遮光率达 35%~75%，减少土壤水分蒸发。覆盖遮阳网能较好地保护环境、促进植株生长的作用。在连续晴天的条件下，对于 0~10 cm 土层中的水分含量，覆盖遮阳网比不覆盖多出 1 倍以上；遮阳网还具有减轻雨滴机械冲击力、防虫与防病的作用。经过旋耕后的土壤要立刻做畦，同时要用遮阳网进行遮荫。覆盖时间从做畦到草莓种苗完全缓苗。草莓刚定植时植株脆弱，为了避免强光照射和高温影响草莓苗的缓苗以及成活，遮阳网的铺设很有必要。

注意在草莓生产上，遮阳网要求为 60% 以上的遮阳率，一般选择遮阳率为 75% 的遮阳网。遮阳率高于 80% 的遮阳网太厚，通风不好，容易引起病虫害；而遮阳率低于 60% 的遮阳网，遮阳率不强，起不到遮阳降温的效果。

图 3-13　草莓栽培槽内添加栽培基质

图 3-14　草莓安装遮阳网

## 4. 安装防虫网

在选择防虫网时，既要考虑防虫功效，又要考虑温室通风换气的要求。草莓生产上防虫网以 20~32 目(对应孔径为 0.55~0.83 mm)为宜，幅宽 1~1.8 m，白色或银灰色的防虫网效果较好。安装要求：在铺设防虫网时首先要确定温室通风口的位置，之后将防虫网拉直，用铁丝固定，防止防虫网滑动脱落。顶部通风口常用 1.0 m 宽的防虫网。

# 四、怎样进行草莓定植?

无论是露地栽培草莓还是保护地栽培草莓，按照要求选择园址，并做好规划后，先要进行整地做畦，然后进行栽植。而整地和栽植质量的好坏对草莓的成活、生长及以后的管理有很大影响，直接影响到种植户的经济效益，因此应该引起足够的重视。

## 1. 草莓田间栽植技术

**(1)整地做畦**

1)整地施肥

对于以前没有种植过草莓的土地,首先要清除园地的杂草和杂物,然后进行平整,耕翻。为了使耕翻后有较长的时间晒垡土壤,消灭一部分病原微生物,使土壤熟化,土壤耕翻的时间宜早不宜迟。一般耕翻深度为 30~40 cm,最好耕翻 2~3 遍。然后耙平沉实,使土层深厚,上暄下实,细碎平整。由于草莓植株矮小,根系浅,所以整地要精细。

对于草莓连作地或以前种植过番茄、茄子、辣椒等茄科类植物的园地,在定植前一定要进行土壤改良和土壤消毒,为草莓根系创造一个适宜的生长环境。第一,把园地前茬作物的残株和杂草清除干净。第二,施足有机肥。在地面一次性撒施充足且充分腐熟的优质农家肥,加入一定比例的氮、磷、钾复合肥,以改善土壤的物理性状和营养状况,保证植株的生长发育和花芽分化。一般每亩地施农家肥 5 000 kg 以上,过磷酸钙 40~50 kg,尿素 15 kg,硫酸钾 15 kg 左右。如果是沙地,应适当增加有机肥的用量。如果土壤缺微量元素,还应补充相应的微肥。第三,进行耕翻土壤。全园均匀撒施肥料后,为使土壤与肥料充分混合,并加深根系活动的有效土层,促进土壤熟化,要对土壤进行深翻 30~40 cm。然后平整土地,按照栽植方式做畦或做垄。第四,进行土壤消毒。主要是为了杀死土壤中有害微生物,防止病虫害的发生,促进秧苗正常生长发育。可采用太阳能消毒法或药剂消毒法。草莓最忌重茬,但温室内轮作倒茬又比较困难,因此为了确保优质、丰产以及减少药剂防治的次数,对于草莓连作或上一年种植过与草莓有共生病害的番茄、马铃薯、茄子的温室,在定植前要对土壤进行消毒。具体的消毒方法可以参见第二章中的相关内容进行。由于我国北方地区半促成栽培草莓的生产苗定植较早,所以土壤消毒要提早进行,在 7 月末至 8 月上旬完成。

2)做畦或做垄

生产上常见的草莓栽植方式有 3 种,分别是平畦栽植、高畦栽植和高垄栽植(图 3-15)。平畦栽植,一般畦长 10~20 m,畦宽 1.2~1.5 m,畦埂高 15 cm。它具有便于浇水,利于保墒、中耕除草、追肥防寒等管理的优点,但存在畦面不易整平,灌水不匀,果实易被水淹而霉烂,影响果实品质等缺点。为方便浇水,要做成"顺水畦",即靠水口一侧略微高些。高畦栽植,其畦长与畦宽和平畦栽植相当,北方地区一般畦高 15~20 cm,南方地区畦高 20~30 cm,畦沟宽 20 cm。高垄栽植,一般垄长 15 m 左右,垄面宽 50 cm,垄沟宽 30 cm,垄高 20~30 cm。高畦或高垄栽植具有排灌方便,能保持土壤疏松,通风透光,果实着色好,质量高,果面不易被泥

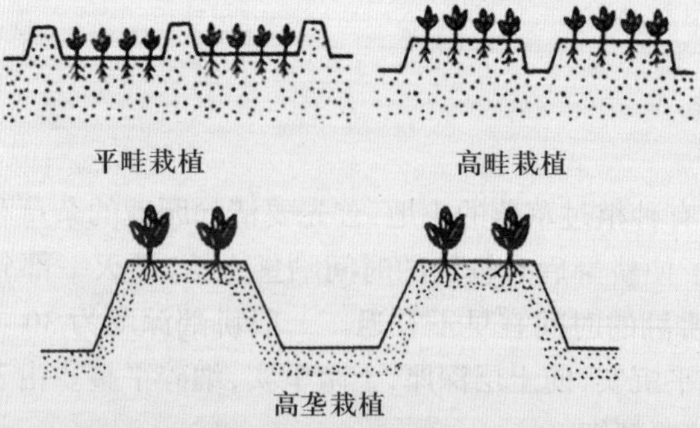


图 3-15 草莓的栽植方式

土污染等优点，但存在易受风害和冻害，有时会出现水分供应不足等缺点。做畦后灌一次小水，使土壤沉实，以免栽植后浇水使植株下陷或被水冲倒，影响成活。

⑵ **栽植** 草莓日光温室半促成栽培定植的时期主要根据地区来确定。北方寒冷地区由于秋季低温来得早，定植过晚会影响植株根系的恢复和生长，因此一般在花芽分化以前定植，如辽宁地区一般在 8 月中旬，华北地区一般在 8 月下旬。此外，定植时期和育苗方式也有关，如辽宁地区采用非假植苗，在 8 月中旬定植，但若采用假植苗，则可推迟到 9 月中旬定植。

二维码 3-3
草莓定植

定植时间一般在阴雨天或晴天下午 3 点以后，避开晴天的中午高温时间。定植时每垄栽两行，行距 25~30 cm，株距 15~20 cm（图 3-16）。不同品种因株形大小不同，栽植密度略有不同。株形大的品种采用的株距可适当加大，株型小的品种可适当密植，如丰香的株距可为 25~30 cm，女峰的株距可为 18~20 cm，宝交早生的株距可为 15~18 cm。

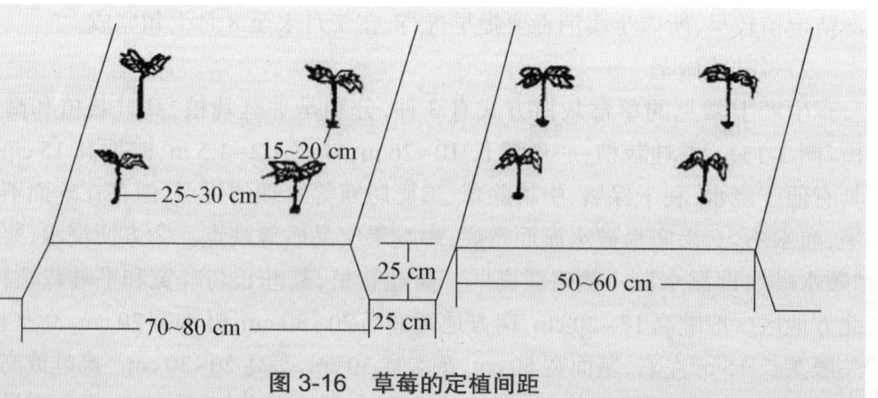


图 3-16 草莓的定植间距

1）栽植密度

草莓的栽植密度与品种习性、栽培方式、土壤条件、秧苗质量和种植者的管理水平等息息相关。生长势较弱、株形较小的品种可以适当密植，如戈雷拉、宝交早生等，定植时一般株行距为（15～20）cm ×（20～30）cm，每亩栽 8 000～10 000 株；生长势强旺、株型较大的品种，如许多美国品种，可以适当稀植。北方地区采用 1.2～1.5 m 宽的平畦栽培时，每畦栽 4～6 行，株行距为（20～25）cm ×（20～30）cm，每亩可栽 6 000～10 000 株。采用 50 cm 宽的大垄栽培时，每垄栽 2 行，株距为 15～20 cm，行距为 25 cm。一般鲜重在 30 g 以上的大苗每亩栽 6 000 株较适宜，鲜重在 20 g 左右的中苗每亩可栽 8 000 株，弱苗每亩可栽 10 000 株左右。此外，早栽、肥水好的田块宜稀植，晚栽、肥水差的田块宜密植。花期雨水多，病虫害较严重的地区宜稀植；雨水少，病虫害较轻的地区可以适当密植。保护地栽植密度可适当缩小。

2）提高栽植成活率的措施

草莓植株矮小，根系浅而弱，栽植不当常引起秧苗死亡，因此提高草莓栽植的成活率，确保全苗是草莓获得高产的基础。生产中可采用的措施有：①阴天或早晚栽植。栽植时，应选择阴天或晴天的早晨、傍晚定植，避免阳光曝晒，降低叶片的水分散失，缩短缓苗期。②带土坨移栽。当育苗圃离生产田较近时，可以带土坨移栽，这是提高成活率的有效措施。挖苗前一天，为便于挖苗，先用水洇苗畦，然后把土坨切成 8～10 cm 见方的土坨或三角坨，运到生产田进行栽植。③剪除老叶、黑根。栽苗前，为减少蒸腾失水，提高成活率，适当摘除一部分老叶，只保留新叶 2～3 片。摘叶时，不要掰叶，基部要留一段叶柄。同时疏除黑色老根，以刺激新根的发生。如带土坨栽植时可以不去叶片。④药剂处理。定植前用 5～10 mg/kg 的萘乙酸或萘乙酸钠浸蘸草莓根系 2～6 h，可以明显促进新根发生，有利于提高栽植成活率。⑤遮荫覆盖。如果在强光、高温条件下定植，为防止太阳曝晒，影响秧苗成活，在保证水分供应的前提下，栽植后采用苇帘、塑料纱、带叶的细枝条进行遮荫，也可以用塑料遮阳网、银灰色反光膜扣罩成小拱棚或棚顶加盖苇帘遮荫，但注意成活后及时晾苗，注意通风，3～4 d 后撤除。

3）栽植方法

①开穴。按照预计的株行距确定好定植位置，然后在栽苗处用铲刀挖穴，注意栽植穴要挖大一些，以使根系舒展。为了提高栽植效率，许多果农常用锄头或镐头刨穴或开沟，再放苗埋土。这种方法虽然工效高，省力，但不好掌握开沟的深度，往往开沟过深，导致苗心埋入地下，影响秧苗成活。

②栽植。栽苗前将大小苗分开，将苗放入穴中，并使根系在穴内舒展，再填

入细土，用手将土压实，并轻轻提苗，从而使根系与土壤紧密结合。栽后立即浇一次透水，如发现有栽植不规范的植株，则应立即调整或重栽。漏栽的应及时补苗。在栽植过程中要注意以下几个关键问题：

一是注意定植方向。由于秧苗的新茎略呈弓形，而草莓的花序从新茎上伸出有一定规律，即从弓背方向伸出，为了便于授粉和采收，应使每株抽出的花序均在同一方向，定植时应将新茎的弓背朝同一侧方向，以便控制结果的位置。一般高垄定植时，花序方向即弓背应朝向草莓畦外侧，使花序伸到畦面外侧坡上结果，便于蜜蜂授粉和果实采收，并可减轻果实病害（图 3-17）。平畦定植时，边行植株花序方向应朝向畦里，以防花序伸到畦埂上；畦内其他行的花序朝一个方向即可。

**知识点**

由于草莓花序的伸出方向与匍匐茎抽生的方向相反，在起匍匐茎苗时，可以在草莓苗上保留一小段匍匐茎，作为栽苗时判断栽植方向的依据。栽植时使这一小段匍匐茎均朝向一个方向，将来花序就可以朝向匍匐茎相反的方向发出。

二是注意定植的深度。定植深度是草莓成活的关键。合理的定植深度应使苗芯的茎部与地面平齐，使苗芯不被土淹没，做到“深不埋芯，浅不露根”。定植过深，苗芯被土埋住，易造成烂芯死苗；定植过浅，根茎外露，不易产生新根，易使苗干枯死亡。

三是注意补水。草莓定植时正值温度较高，植株很容易萎蔫，为此在定植后每天采用微喷补水，这样既可以补水又可以降低草莓局部的温度，提高草莓的成活率。如果栽后 7 d 左右芯叶开始生长，说明已缓苗成功，之后应减少浇水频率，不旱不浇水，保持土壤见干见湿。

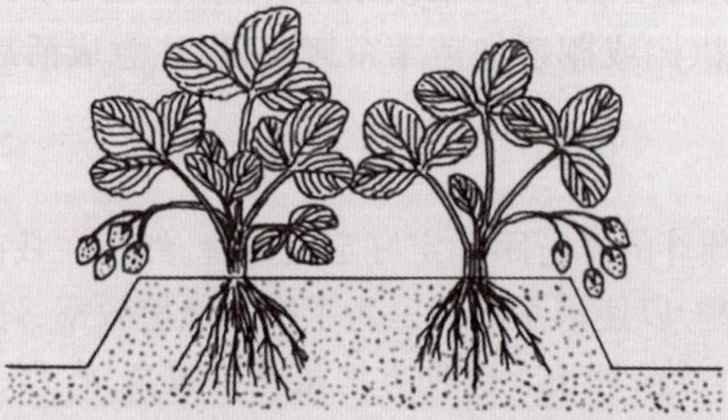

图 3-17　草莓苗定植方向

## 2. 草莓高架栽植技术

**(1) 选择优质种苗** 高架基质栽培最好选用营养钵苗或冷藏苗，草莓苗应植株健壮、根系发达、有4~5片功能叶片、“芯”部位发育良好、无病虫害。

二维码3-4
草莓裸根苗定植

**(2) 栽植技术** 8月底至9月初定植，定植前最好利用显微镜观察花芽分化情况以确定最佳时期。有的种植户盲目将定植时间提前，却因为草莓花芽分化状态不是最佳时期，而出现了“早定植，晚结果”的现象，值得警惕。

栽培槽为宽槽时，通常采用双行定植，草莓苗定植在栽培槽的两侧，距离槽边缘5~10 cm处，株距15 cm，行距为20 cm，呈三角形错位排列。栽培槽宽度为20 cm左右时，要单行定植，种苗定植在槽的中间略靠外侧，株距15 cm（图3-18）。定植时注意要点：弓背朝向外侧即过道侧，定植深度遵循“深不埋芯，浅不露根”的八字原则，定植后，马上浇透水以提高成活率。

图3-18　草莓高架栽植

## 五、草莓定植后怎样进行管理？

草莓定植后，一定要加强日常的田间管理，为以后的优质、丰产打下良好的基础。

### 1. 缓苗前管理

定植后缓苗期间根系在土壤中还没有扎牢固，所以秧苗栽植后立即浇一遍透水。浇水后如果发现有露根、淤芯、倒苗及植株弓背方向不合要求的现象，应及时扶正及调整。为保持土壤湿润，降低温度，定植后 4~5 d 内最好每天早晚各灌一次小水（图 3-19 和图 3-20）。其目的除了在缓苗期间保持田间土壤湿润外，还可以降低地温，促进新根的发生。如果栽植后遇到连续晴天烈日天气，最好遮荫 2~3 d，但时间不能过长，否则容易引起烂苗，遮盖物最好是白天盖上，晚上揭开。当芯叶开始生长时，说明已缓苗，应停止浇水。

二维码 3-5
草莓幼苗期植株管理

### 2. 缓苗后管理

缓苗后，要适当中耕松土，以改善土壤透气条件，促发新根。注意为了避免碰伤植株和根系，松土要浅，而且根系周围不松土。缓苗后，要根据土壤墒情，进行浇水。为避免土壤水分迅速蒸发，造成土壤板结和不透气，在每次浇水后，当表土似

图 3-19 地栽草莓定植后缓苗

图 3-20　高架草莓定植后缓苗

干未干时，均要及时松土。同时结合中耕进行除草。

缓苗期间不宜进行植株整理，新叶展开后（图 3-21），采用叶面喷施补肥。当草莓新叶生长到 3~5 cm 时，可以将草莓植株上枯死的叶片和烂叶去掉。随着草莓的生长，侧芽开始发生，多余的侧芽，要及早摘除，以减少植株养分的消耗和病虫害发生的概率。摘弱芽、去老叶、剪匍匐茎是在草莓生长季节多次进行的重要工作。由于老叶上常带有白粉病和灰霉病的病菌，对每次清除的老叶，都要带出园外集中烧毁。摘叶时注意不能过度，否则会导致开花和果实膨大缓慢，从而推迟采收期。

图 3-21　缓苗后抽生新叶

缓苗后最主要进行控水控株从而促进根系生长，草莓完全缓苗后，应当适当控制浇水，进行蹲苗，促进根系生长，促使草莓植株生长健壮。花芽分化前，停用氮肥，控制水量，进行蹲苗，促进花芽分化，生长过旺会延迟分化。草莓苗生长后期逐渐开始花芽分化，在此期间继续控制水分，控制氮肥的使用量，增加磷钾肥。玛利亚、全明星、哈尼等草莓品种的花芽分化从 9 月上旬开始到 10 月中旬结束，期间花芽分化质量的好坏，将直接影响草莓产量的高低。因此在花芽分化期，要适当控肥控水，尤其是要禁止施用促进生长的氮肥和激素类药物。为防止草莓生长过旺，促进植株的横向生长和花芽分化，可喷施 2 次 300~400 倍液的活力素溶液，相隔时间为 10 d。

### 3. 铺设地膜

随着温度的升高，土壤水分蒸发量加大，容易造成空气湿度过大和土壤缺水现象，从而影响植株的正常生长，因此没有覆盖地膜的应在现蕾前及时覆盖地膜。覆盖地膜应在早、晚或阴天进行。覆盖地膜的方法有两种：一种方法是覆膜后立即破膜提苗，待地膜展平后，立即浇水，此方法适合草莓植株比较矮壮。另一种方法是先将地膜覆盖在草莓植株上，大约 10 d 后破膜提苗，此方法由于地膜覆盖在草莓植株上，形成高温、高湿的小环境，利于植株解除休眠，促进生长，但是植株比较细弱（图 3-22、图 3-23）。

图 3-22　铺设地膜过程

图 3-23　高架栽培草莓铺设地膜

不论采取哪种覆膜方法，覆膜前，先清除老叶和病叶，然后有条件的温室预先埋设并调试好滴灌设施；没条件的温室在畦或垄中央留一个小沟，并铺几根稻草，方便以后进行膜下灌水。

地膜可以选择银黑地膜，朝上正面为银色，可反光和防蚜虫，对着基质一面为黑色防止杂草生长。也可以选择红色地膜，促进果实着色。

## 六、花期管理

### 1. 扣棚至现蕾前管理

温度是日光温室草莓促成栽培能否成功的限制因子，因此在草莓各个生长发育阶段做好温、湿度调控十分重要。为了把即将进入休眠的植株唤醒，使其进行正常生长和促进花芽的发育，保温初期应给予较高的温度和湿度。一般白天温度控制在 25~30 ℃，夜间温度控制在 12~15 ℃，这段时间可持续 10~14 d。超过 30 ℃时要及时打开通风口降温或用遮阳网进行遮荫，避免出现顶花芽开花结果过早、腋花芽分化较差的现象。保温初期外界气温还较高，夜间可暂时不加盖草帘，以后视温度下降情况覆盖草帘保温。这期间温室内要保持较高湿度，防止主花序开花过早影响侧芽分化。

### 2. 现蕾期管理

植株现蕾后停止高温高湿的管理，要使温度逐渐下降（图 3-24）。此期白天温度保持在 25~28 ℃，夜间 8~12 ℃，夜温不能高于 13 ℃，否则影响腋花芽的发育，使花器官发育受阻。

图 3-24　草莓花蕾期

**注意**

当温度超过 28 ℃时，应及时放风降温，否则会影响花粉发育，进而影响授粉受精质量。由于放风降温，会导致温室内的湿度迅速降低，叶片易失水干枯，严重时可能会导致花蕾损伤，因此在白天要给叶片喷 2 次水，且降温持续 3 d 左右即可。从现蕾期开始尽可能降低棚室内的空气相对湿度，控制在 60%~80%，以减少病害发生。

在草莓生长的整个周期中，注意适时浇水。为加快草莓植株的生长和现蕾，升温后灌 1 次透水，以后灌水总体上把握“湿而不涝，干而不旱”的原则。如果秧苗生长弱，可以在地膜覆盖前追施 1 次氮肥，施肥后立即灌 1 次透水，促进秧苗生长。追肥可采用打眼施肥的方法进行。当植株顶花序现蕾时，冲施 0.2%~0.4% 的氮磷钾复合肥。

## 3. 初花期管理

一般从现蕾到第一朵花开放大约需要 15 d。草莓植株现花后要改变高温多湿的管理方式，开始降温管理，白天保持在 25~28 ℃，夜间为 8~10 ℃，夜间温度不能高于 10 ℃，否则会影响腋花芽的发育，使花器官发育受阻(图 3-25)。降温要逐渐进行，不要一次把温度降下来。

## 4. 盛花期管理

**(1)温湿度调控** 根据开花和授粉对温度的要求来控制温度，白天保持在 23~25 ℃，夜间以 8~10 ℃为宜。通过观察早晨开棚时的温度高低，调节夜间风口大小和保温被放下来的多少。棚内湿度应控制在 30%~50%，在保证温室温度的情况下，通过调节风口大小来通风，从而降低湿度。风口大小的调节，应遵循在开风口时由小逐渐变大，关风口时要由大逐渐变小。不要忽大忽小，使温室内的温度不稳定，影响草莓正常生长(图 3-26 至图 3-29)。开花期如遇 –2 ℃以下低温，会导致雄蕊花药变黑，雌蕊柱头变白，严重影响授粉受精。开花期空气湿度过大，不利于花药开裂和花粉的发芽，因此花期空气湿度应控制在 40%~50%。盛花期前若土壤干旱缺水，可采取膜下灌溉，而盛花期一般不宜浇水。如果花期温室内湿度过大，可以在每天中午前后进行放风排湿。但放风时间的长短要根据温室内温度变化而定，不能因为排湿而影响各开花期要求的适宜温度。

二维码 3-6
草莓开花期
植株管理

图 3-25　草莓初花期

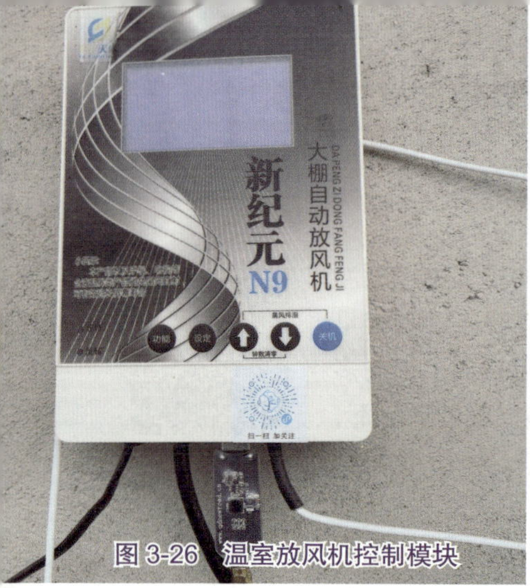

图 3-26　温室放风机控制模块

图 3-27　放风机转轴及风口绳

图 3-28　智能温室开关上风口

图 3-29　智能温室风机通风降湿

**(2)花期授粉**　保护地草莓栽培中,坐果率低或畸形果率高,主要是授粉不良造成的。为提高坐果率,除选择育性高、花粉量大的品种和花期保持适宜授粉受精的温度、湿度环境外,最简便有效的措施就是在温室内放养蜜蜂(图 3-30)。一般每栋温室放 1~2 箱蜜蜂,保证 1 株草莓有 1 只以上的蜜蜂授粉即可。在草莓开花前 7~8 d 将蜂箱放入温室内,蜂箱距地面 50 cm 高,如果放在温室的西南角,则应将蜂箱口朝向东北角,以免蜜蜂出箱时,撞到墙壁或棚膜上(图 3-31)。在没有蜜蜂的情况下,可以在每天上午 10 时以后进行人工辅助授粉。即用毛笔在

图 3-30　蜜蜂授粉

图 3-31　草莓温室放蜜蜂

开放的花上涂几下，使开裂花药中的花粉均匀洒落到整个花托上，这种方法授粉效果较好，但是费工费时。在部分草莓老产区，有的种植户在开花期利用扇子扇植株上的花朵进行辅助授粉，不但大大节省人工，而且授粉效果也很好。

**(3) 疏花** 从现蕾期开始，疏去高级次小花、弱花。疏花时一般保留 7~10 朵花，每株留 2~3 个侧花序，每个侧花序留果 3~5 个。

**(4) 水肥管理** 要遵循“少量多次”的原则，灌水后，多余水分从排水口排出，灌水时间可以根据水分排放量判断，水分排出 2 min 左右，停止水分供应，灌水次数根据基质含水量来确定。可以利用智能施肥机来监测土壤含水量、pH、EC 值来进行自动灌水施肥（图 3-32）。草莓苗后期逐渐开始花芽分化和开花坐果，应逐渐控制水分与氮肥施用，增加磷钾肥，以利于花果生长（图 3-33）。施肥方法普遍采用营养液随滴灌施用（图 3-34），可使用草莓专用水溶肥，也可以使用配好的营养液，定植至扣棚膜前营养液 EC 值可控制在 0.4~1.0 mS/cm，随植株的生长逐渐增加，扣棚后至初花期营养液 EC 值为 0.8~1.2 mS/cm，初花至采收始期营养液 EC 值为 1.0~1.6 mS/cm，果实采收期营养液 EC 值为 1.2~1.8 mS/cm。

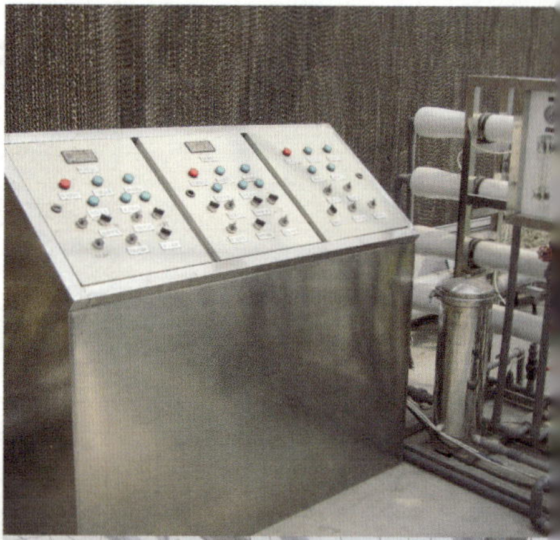

图 3-32 智能施肥机及水肥一体化设备

图 3-33 温室草莓喷灌

图 3-34　悬挂架式滴灌

(5) **植株管理**　扣棚保温后，随着室内温度升高，植株的生长旺盛，侧芽、匍匐茎陆续发生。为减少营养浪费，保证正常开花坐果，当顶花芽抽生以后，在两侧保留 2 个侧芽，其余侧芽全部去除，同时去除抽生的匍匐茎，若后期植株死亡，可利用匍匐茎在空位处育苗来进行植株补充（图 3-35 和图 3-36）。

二维码 3-7
草莓匍匐茎处理

## 5. 末花期管理

末花期应适当进行浇水，并且增加温室内的湿度。浇完水，上午 12 点打开风口排湿，下午 1 点关闭风口以提高温室中的温度，下午 3 :30 时再次打开温室风口，

图 3-35　去除匍匐茎

图 3-36　利用匍匐茎育苗补苗

风口要小，一般打开 5 cm 左右就可以了，让温度缓慢下降，不要将风口开得很大，从而使温室中的温度下降太快、太低（图 3-37）。当温室中的温度缓慢降到 16 ℃时，关闭风口。温度降到 10 ℃时放保温被进行保温，保证早上 4:30—5:00 温室内的温度在 6~8 ℃。生长期间，随着新叶的不断发生，植株基部的叶片光合作用逐渐变弱，且容易成为病菌滋生，因此要及时去除下部的老叶、病叶，以利于通风透光。

图 3-37　草莓温室风机

# 七、果期管理

## 1. 幼果期管理

对于草莓果实来说，温度高，果实发育快，发育期短，成熟早，但果个小，商品价格降低；温度低，果实发育慢，发育期长，成熟较晚，但果个较大(图 3-38)。在温室栽培条件下，根据市场情况，通过控制温室内的温度，可适当调节果实的成熟期，从而满足果品市场的需求，以取得较高的经济效益。所以，在这段时间可以着重平衡草莓品质和上市时间。

二维码 3-8
草莓幼果期管理

图 3-38 草莓坐果

草莓果实生长发育的适宜温度为白天控制在20~25 ℃,夜间控制在5~8 ℃,这是因为幼果期夜温低,有助于养分积累,促进草莓果实的膨大。如果经常遇到阴雨天气可通过悬挂补光灯的方法增加光照。为了提高草莓果实的商品性,在草莓坐果后要加紧疏花疏果,使营养集中在留下的花果上,从而增加草莓果实的体积和数量。高级次的花蕾开花晚,往往不能形成果实,所以要及时除去高级次的花蕾(图 3-39)。疏完花要做好疏果的工作。一般疏果率为 15%~20%,疏果后每个花序上留果 6~8 个,一株草莓留果 12~16 个。疏果时尽量疏除畸形果、病虫果、小果、发育不好的幼果,以减少营养消耗。

二维码 3-9
草莓疏果

## 2. 膨果期管理

草莓落花后 18~25 d 为膨果期,是草莓丰产的关键时期。这段时期温度高,特别是晚上温度高,易出现果实成熟早,果个小现象;温度低,果个虽然变大,但成熟期变晚,也会影响经济效益。此时温度白天控制在 20~25 ℃,夜间控制在 5~8 ℃。夜温低利于养分积累,促进果实膨大。从果实着色到采收,温室内白天温度保持在 20~22 ℃即可,夜间仍需保持在 5~8 ℃,不能低于 5 ℃。果实成熟

图 3-39 草莓不同级次果实

期的室内湿度一般控制在 60%~70% 较为适宜。

此时果实体积快速膨大，对养分的需求量急剧增加，应大量补充养分，着重补充磷钾肥，采取大温差管理，增加干物质积累（图 3-40）。草莓果实受到光照一面，温度高，成熟快，上色很快，有时受光面都呈紫红色，但在背面贴近地膜处温度较低，转色较慢，依然呈青白色或粉红色，因此形成阴阳果。为此，在果实快要成熟时要轻轻地将草莓果实转动一下，将果实背面着光。转果不要太晚，否则成熟度较高的果面转到背面贴近地膜，接触果面和地膜之间的水，容易腐烂。转果时间也不要太早，转果最佳的时间是着光果面呈粉红色。转果时要轻拿轻放，否则容易扭伤果柄，甚至扭断草莓果实。

与露地栽培相比，草莓在日光温室中生长周期加长，因此，对水肥的需求量更大，如果不能及时供给充足的水分和养分，会导致植株早衰而引起减产。

草莓促成栽培的主要灌水时期有以下几个：保温初期、果实膨大期、收获最旺盛期过后，及收获中断期过后。灌水方法通常采用膜下灌溉，尤其是膜下滴灌效果更好，不仅节约了用水量，还可以防止土壤温度过低。不宜采用大水漫灌的方式，以免增大温室内空气湿度，引发病害。

促成栽培草莓除了在定植前施入基肥外，在整个生长发育期内还有 3 个关

图 3-40　草莓果实转色

键追肥时期，以补充养分的不足，它们分别为顶花序现蕾期、顶花序果实转白膨大期、顶花序果实采收期至腋花序果实发育期。

## 3. 果实成熟期管理

二维码 3-10
草莓果实成熟期管理

草莓成熟后就要及时摘除，否则果实很容易腐烂，在日常管理中要不断地摘除过小的花（图 3-41 和图 3-42）。另外，要控制浇水量，增加甜度，避免因水肥过大，影响草莓果实品质。为防止草莓结果后下垂坠断果柄，可在栽培槽边缘安装垫网，倾斜的垫网托住并保护草莓果实（图 3-43）。

结果期对水分要求较高，应经常保持土壤湿润，时而干燥时而潮湿会影响果实品质，也会使产量下降。但此期浇水后要注意通风排湿，避免空气湿度过大而影响蜜蜂活动，同时也有利于防病。灌水时最好采用膜下滴灌，可以使植株根茎部位保持湿润，利于植株生长，此种方法既节水又可以防止土壤温度过低，值得推广。建议在温室中安装物联网设备，监控环境条件的光、温、水、气、土壤等条件，为草莓科学管理提供依据（图 3-44）。

图 3-41　草莓成熟

图 3-42　草莓不同成熟期果实

图 3-43　草莓垫网

图 3-44　温室环境条件监测

草莓开花结果每个时期的施肥种类及施肥量，如表 3-1 所示。

表 3-1　日光温室草莓促成栽培主要追肥一览表

| 追肥时期 | 目的 | 肥料种类及施肥量 |
| --- | --- | --- |
| 顶花序现蕾期 | 促进植株健壮生长和顶花序提早现蕾 | 植株生长势弱时，喷施 200~500 倍尿素、800~1 000 倍活力素或 400~500 倍高美施；植株生长势较旺时，喷施 300~400 倍活力素或 300 倍磷酸二氢钾 |
|  | 提高顶花序的坐果率及大果率 | 喷施 300 倍硼酸液、500 倍硫酸钙液或 2 000 倍硫酸锰液 |
| 顶花序果实转白膨大期 | 促进果实膨大及着色 | 从顶花序果实转白膨大开始，一般每半个月追肥 1 次，每亩用量为磷酸二铵 10 kg 加硫酸钾 7 kg，也可用草莓复合肥及专用螯合肥。追肥方法可结合滴灌进行，无滴灌设施的可以顺畦面打孔浇灌。当果实膨大缓慢时，可在叶面喷施 700 倍植物动力或 800 倍活力素或膨大素等 |
| 顶花序果实采收期至腋花序果实发育期 | 促进植株迅速恢复及腋花序的果实膨大 | 以磷、钾肥为主，一般每隔 15~20 d 追肥一次 |

### 4. 补光和加温

北方地区草莓促成栽培时，由于冬季短日照和低温条件，使得每天不能过早揭帘和过晚放帘，导致温室内光照时间经常不足；再加上棚膜吸附灰尘后透光率降低，使得温室内光照强度也不足，这两个因素会直接影响叶片光合作用，使植株不能正常生长发育。因此为了维持草莓植株后期的生长势，在抑制植株休眠而进行补光的基础上，生长后期还要进行补光。秋末冬初随着温度的下降和日照的缩短，草莓会逐渐进入休眠状态。而促成栽培中，既要适时保温使草莓不进入休眠，还可用人工补光创造长日照条件，人为抑制草莓进入休眠状态，促进植株生长发育良好，提早开花结果，提高产量和品质。

目前用于温室补光的光源主要有白炽灯、荧光灯、高压汞灯、金属卤化物灯等，但目前应用最多的是 LED 灯补光（图 3-45）。红橙光源对草莓而言，光合效率相对较高，蓝紫光次之，绿光最差。补光的时间是在保温以后不久即 11 月上中旬开始。具体方法是：在距地面高度 1~1.5 m 处，每间隔 3 m 左右设置 1 个，每个温室共架设两排补光灯。照明时间从 17:00—23:00，使每天光照长度达到

图 3-45　补光灯

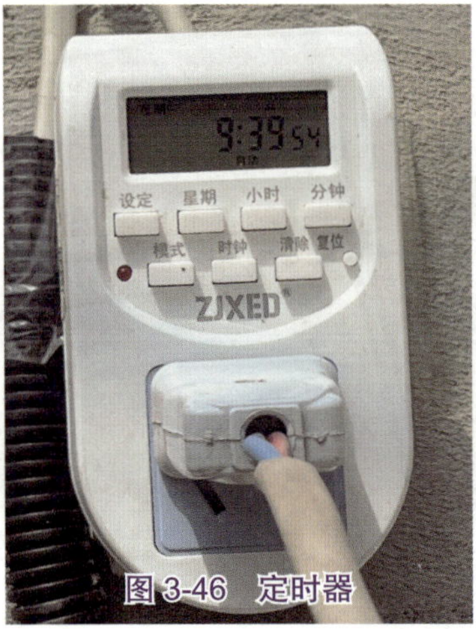

图 3-46　定时器

16 h，也可以从凌晨 2 点开始到早上 8 点结束。此外，为节省电力资源，还可以采用间歇补光的方法，即从 20 点至 22 点，再从零点到凌晨 2 点间歇补光 4 h。补光灯设置成自动模式，节省每天开关灯的人力，可采用定时器（图 3-46）设置固定时间自动补光，也可根据温室一天内光照强度是否达标来控制晚间是否补光。

除电灯照明补光外，可以在日光温室的后墙内侧张挂反光膜或反光板（如铝板、铝箔或聚酯镀铝薄膜）来进行补光。也可以在后墙上涂白来达到增强日光温室内的光照强度，提高草莓植株光合作用效率的目的。

12 月份至翌年 1 月份是全年最寒冷的季节，也是草莓果实成熟的关键时期，温室内需要保证较高的气温满足草莓生长所需，可以采用燃油电加热炉来进行加温，但使用时一定要注意安全，避免空烧发生火灾（图 3-47）。

## 5. 补充二氧化碳及其他

二氧化碳是植物进行光合作用的原料之一，在大气中的浓度约为 330 mg/L，基本可以满足光合作用的需要（图 3-48）。而在温室草莓促成栽培中，早晨卷起

图 3-47　燃油电加热炉

保温被后，温室内二氧化碳浓度会急剧下降，有时降到 70 mg/L。由于室内严重缺乏二氧化碳，使草莓光合作用效率明显下降，严重制约了草莓产量和品质的提高。因此，草莓温室栽培时需要人工施放二氧化碳。施用二氧化碳后，能够显著提高草莓光合作用，促使植株根系发达、枝叶茂盛、果实成熟期提早、产量增加、品质提高，同时还有抑制和减轻草莓病毒病发病率、提高室温的作用。

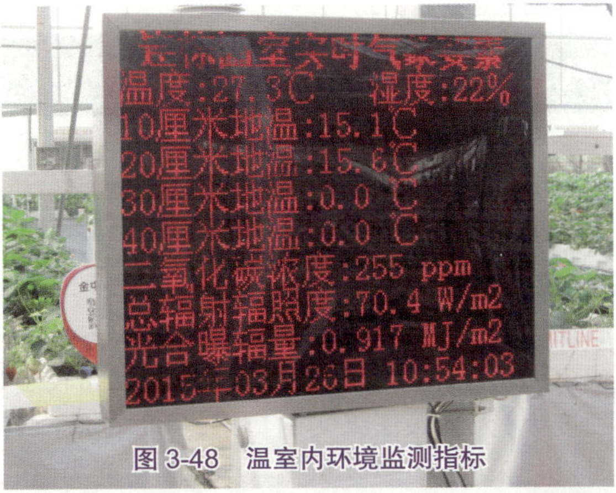

图 3-48 温室内环境监测指标

**(1) 施放时期** 一般在严冬早春及草莓生育初期施用效果好。生产上一般在开花后 1 周左右开始施用。每天的施用时间为早晨 8:00—9:00 开始，每天连续施用 1~2 h 才有效。晴天每天每亩二氧化碳施放量 1 000~1 200 mg/m$^3$，阴天时由于光合能力较弱，二氧化碳的施用量可适当减少，保证每天每亩二氧化碳施放量 350~850 mg/m$^3$ 即可。

图 3-49 二氧化碳发生器

**(2) 施放方法** 常用的方法有二氧化碳发生器（图 3-49）和悬挂二氧化碳气肥袋，若使用气肥袋，可悬挂在植株上方 0.5~1 m，呈“之”字形排列，每个温室 10~20 袋，能连续使用 30~40 d。二氧化碳发生器采用耐高温、防腐蚀材料制成，内设自动控制装置，原理是加热碳酸氢铵（或尿素）生成二氧化碳和氨气，从而达到补充二氧化碳的效果。一般一亩温室使用一台二氧化碳发生器，一天使用 1 h 即能满足要求，该设备加料方便，施用安全，但出气不稳定，需熟练后掌握。

# 八、草莓采收、分级、包装、加工

## 1. 采收

### (1) 采收期的确定

温室采收期较长，从 11 月份到翌年 5 月份，品种不同采收期不同，且不同草莓品种的成熟期差异很大，可根据品种或市场用途来确定采收期。欧系品种相较于日系品种果实硬度大，为了保证果实的口感，尽量在果面着色达到 100% 时进行采收，红颜以 90%~95% 成熟度为宜（图 3-50），章姬以 85% 成熟度采收最好，随着天气变暖，采收成熟度也要逐步下降（图 3-51）。采收时要带部分果柄，不要碰伤果面。7:00—10:00 和 15:00—18:00 采收为宜。温度高或露水未干时采下的果实易腐烂和碰伤。

二维码 3-11
草莓采收及包装运输

图 3-50 红颜着色率 90%

### (2) 采收技术

1) 采前准备　为了保证果实的品质，在施肥浇水后 3 d 进行采摘，采收前适当控制浇水量，可增加果实的风味。采前浇水时可随水追施 0.2% 硝酸钙，增加果实的硬度。

2) 采收过程　草莓果实皮薄，果肉柔软、多汁，采摘时要小心仔细，不能乱拉、乱摘、硬采和硬揪，以免碰伤果实（图 3-52）。每次采

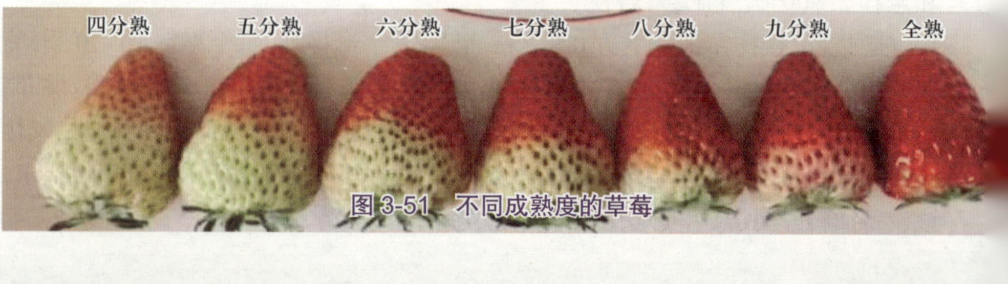


图 3-51 不同成熟度的草莓

图 3-52　草莓采收

摘必须及时将达到采收标准的果实采完，以免造成果实过度成熟，从而影响商品性能，或受到灰霉病的侵染。

**正确采收办法**

用大拇指和食指轻轻握住草莓果的中下部，然后向相反的方向用力，使草莓在果柄和萼片离层部分分离。

## 2. 分级和储藏

草莓一般按照果实重量分为4级，重量26 g以上为一级果，22~25 g为二级果，12~22 g为三级果，12 g以下为等外果（图3-53和图3-54）。规模化草莓果实分级要在车间进行操作，严格按照流程来进行（图3-55）。

当天采摘的草莓要销售完，尽量不要储藏。草莓常用低温保存的方法进行短期储藏，研究表明，储藏草莓的最适温度为0~0.5 ℃，允许的最高温度为4.4 ℃，但持续时间不能超过48 h，同时空气相对湿度应保持在80%~90%。草莓采收后，要快速而均匀地预冷，然后低温储藏。库温保持0~2 ℃恒温，可存放7~10 d，但冷藏时间不能过长，否则草莓的风味和品质均会逐渐下降。如果冷库温度在12 ℃左右，可储藏3 d，在8 ℃以下能储藏4 d。低温保存时特别注意不要弄伤果实，否则容易腐烂。纸箱码放最多不要超过4层。

## 3. 包装

草莓果实柔软多汁，不抗挤压和碰撞，作为节日型高档水果，草莓的包装尤为重要。良好的包装可以有效地减少草莓在运输过程中因各种因素（如挤压、碰撞、透气性不好等）影响而造成的风味缺失、变色变味甚至腐烂，同时也可以延长草莓的保存期。

草莓可根据市场目标定位和运输距离采取不同的包装形式。

4钱　5钱　6钱　7钱　8钱　9钱　1两

图3-53　按重量和大小对草莓果实进行分级

图 3-54 草莓品质分级

图 3-55 草莓分级车间

**(1) 根据市场目标定位包装**

无论是传统销售还是网络销售，都要进行目标市场的定位。根据不同的市场采取不同的销售策略和包装形式，不仅可以充分满足消费者个性化、多元化的需求，还可使草莓种植户的利益最大化。

1) 高档礼盒包装　在促成栽培下，草莓上市时间正值元旦、春节等节假日，作为节日馈赠草莓的包装要求精美。采用礼盘包装，以其精美的外观造型，可以满足追求高端消费体验人群的需求，能够提高品牌知名度及草莓的商业附加值（图 3-56 和图 3-57）。礼盒包装用的草莓果实在重量、外观、品质等方面都要求严格，一级果和二级果都可采取礼品盘包装。高端的礼品盘以纸质材质居多，包装形式采取单果泡沫防震包装，一级果（26 g 以上）常见的包装有 12 枚、15 枚等规格，二级果（22~25 g）常见的包装有 18 枚、20 枚等规格。

2) 常规包装　对于进驻超市、社区、小贩零售的草莓果实，目前在包装上多采用一次性塑料透明包装方盒，不仅方便包装，而且使消费者购买时能够对盒内草莓的品质一目了然（图 3-58）。在果实采收时，一般直接将果实采收至塑料包

图 3-56　草莓精品包装

图 3-57　草莓特色外包装

图 3-58　草莓常规包装

装盒内，果实等级一般为二、三级果，容纳 300~400 g。在码放时，松紧有度，整齐有序，防止果品损伤。

**(2) 根据运输距离包装**

1) 短距离运输　由于草莓极易变质腐烂，采摘后直接进入附近的市场进行销售，因此，可采取常规包装，在清晨或傍晚温度较低时进行装载和运输，最好选用冷链车辆进行运输，运输过程中注意防震。

2) 长距离运输　网络销售快速发展，草莓长距离运输越来越多。网络销售在包装上，防震是重点，可用环保水果网套对草莓进行单独包装，外层采用泡沫箱包装，码放整齐、牢固以防挤压，最外层用纸箱进行保护，防撞、防压、防破损（图 3-59）。另外，在包装箱内可放置一定数量的冰袋，创造低温环境，最大限度地保障草莓的品质。最好在采收后及时完成包装进入物流运输环节，长距离运输时一般多采用空运，12~24 h 即可完成配送，到达客户手中。

图 3-59　草莓装箱

## 4. 销售

草莓销售模式不断变化创新，逐渐形成了传统销售、网络销售、创意销售三大新型模式。

**(1) 传统销售**　传统销售主要包括采摘、大型超市和社区、批发零售等方式。销售主体包括园区、合作社及种植户个体。随着消费者越来越注重购物体验，观光采摘越来越受到消费者的欢迎。采摘价格高，种植户的收益较高，但是采摘一般局限于休闲农业发达的地区或旅游旺地、交通要道等人流量大的地方。通过开展草莓嘉年华、采摘节等创意活动，发展观光休闲农业，吸引更多的市民走进乡村，带动区域草莓产业发展，加速草莓产业化进程，实现“小草莓、大产业”(图 3-60)。入驻超市和社区，有固定的销售渠道，零边际化的经济成本让产品和消费者最终受益(图 3-61)。批发零售是目前草莓销售市场上采用最多的直销方式，主要集中在产地的集贸市场或路边小摊，由于是批发零售的销售价格不占优

图 3-60　草莓采摘

图 3-61　草莓超市货架摆放

势，种植户的经济效益相较前两种销售方式低。没有固定客源和销售市场的草莓种植户个体可选择此种销售模式。

**(2) 网络销售** 信息化给草莓销售带来了新的发展机遇，结合互联网销售可以让草莓销售变得更为多元、快捷、低成本和高效，呈现出多种多样的线上到线下（O2O）销售方式。通过“电商 + 微商”等多种方式，草莓销售网络化可以使产品与客户零接触，减少中间环节，节省交易成本，增加经济效益。常见的网络销售方式有进驻电商开设草莓销售旗舰店，做生鲜电商供货商，参加社区团购网站、与手机 App 合作、微商销售等网络销售（图 3-62）。也可以开展亲子草莓美食 DIY、打造草莓养生会员俱乐部及 QQ、微博、微信等自媒体推送或直播等，开展创意营销活动，扩大宣传力度，从而开拓草莓销售市场。

图 3-62 草莓网络销售

## 5. 加工

温室草莓促成栽培的草莓果实从 11 月中下旬开始上市，一直持续到翌年 5 月份。草莓果实一般 30% 通过采摘销售，50% 通过团购、超市、商贩等渠道销售，而剩下的 20% 则由于品质较差，销路难寻。尤其是在 4 月份之后的果实生产后期，随着温度的升高，草莓果实的品质下降，适宜进行深加工。

目前，最常见的草莓深加工食品包括果肉制品和果汁制品(图 3-63 至图 3-66)。其中，草莓果肉制品常见的有草莓酱、草莓果脯、草莓罐头、速冻草莓等，草莓果汁制品常见的有草莓酒、草莓醋、草莓汁、草莓酸奶等。

图 3-63　草莓巧克力

图 3-64　草莓干

图 3-65　草莓蛋糕

图 3-66　草莓酒

## 6. 草莓文旅产品

草莓的销售不仅仅是贩卖果实，为了顺应时代的潮流，构建一、二、三产业融合发展的草莓产业链。年轻的创客们抓住销售旺季，推出草莓玩偶、草莓花束等一系列创意产品，其中草莓制作花束非常流行，由于草莓含水量高且皮薄的特性，轻轻一碰就会烂掉，不易保存。为了保证品质，店铺采取预订方式接单，定价也特别高，但在市场上仍颇受欢迎（图 3-67 和图 3-68）。

图 3-67　草莓制作的花束

图 3-68　草莓文旅产品

# 第四章

Chapter 4

## 草莓常见病虫害的识别与防治

草莓病虫害防治要严格按照绿色食品生产要求使用限量、限定的化学合成农药，优先使用烟熏法、喷雾法，施药后要及时通风降湿，要根据病虫发生情况在试验示范的基础上科学选用药剂品种并交替用药，合理混用，防止产生抗药性或药害，确保防效。开花期尽量减少农药使用，以减少畸形果等损失；施用杀虫剂时，应注意保护蜜蜂和天敌，引入蜜蜂和天敌2周内尽量不用农药；采果期严格控制用药并严格遵守安全间隔期采收上市。

草莓以鲜食为主，果实成熟期间不能使用任何农药。因此在草莓生产中，要贯彻以预防为主，综合防治的原则。草莓病虫害种类很多，其中危害较为严重的病害有灰霉病、白粉病和蛇眼病等，危害较为严重的虫害有红蜘蛛、蚜虫和白粉虱等，严重影响草莓的品质和产量。下面就草莓常见病虫害及其防治方法进行介绍。

## 一、草莓常见的病害有哪些？如何进行防治？

### 1. 白粉病

**【为害症状】**草莓白粉病主要危害草莓的叶片、叶柄、花、花梗和果实（图4-1）。发生于整个生长期，发病初期，叶片染病，在叶背产生白色近圆形星状小粉斑，后向四周扩展成边缘不明显的连片白粉斑，严重时整个叶片布满白粉，叶缘向上卷曲变形，最后病叶逐渐枯黄。花蕾染病，花瓣呈粉红色，花蕾不能开放。果实染病，幼果不能正常膨大，后期果面覆有一层白粉，着色不良。病菌侵染的最适温度为15~25 ℃，低于5 ℃或高于35 ℃均不利于发病。相对湿度80%以上，低湿也可萌发，尤其是当高温干旱与高温高湿交替出现，又有大量菌源时易流行。

图4-1　草莓白粉病为害状

**【防治方法】**①因地制宜地选栽抗病品种。②农业防治。合理密植，保持良好的通风透光条件。雨后及时排水，加强水肥管理。培育健壮植株。加强田间管理，及时清除老叶、病叶，并把田间地头的枯枝、残叶集中深埋或烧毁。③药剂防治。在草莓生长前期，未感染白粉病时，用 80% 代森锰锌可湿性粉剂 800 倍液或 75% 百菌清可湿性粉剂 600 倍液喷药保护。在白粉病发病初期及时用药防治，药剂可选用 15% 粉锈宁可湿性粉剂 1 500~2 000 倍液、50% 多菌灵可湿性粉剂 500 倍液、70% 甲基托布津可湿性粉剂 800 倍液、40% 多硫悬浮剂 500 倍液、10% 世高可湿性粉剂 3 000 倍液、40% 杜邦福星乳油 8 000~10 000 倍液、50% 施保功可湿性粉剂 2 000 倍液或 47% 加瑞农可湿性粉剂 600 倍液。也可选用 42.8% 氟菌肟菌酯 2 000~3 000 倍液，36% 硝苯菌酯 1 000 倍液、24% 嘧菌-己唑醇 3 000 倍液，25% 乙嘧酚 1 000 倍液等喷雾防治，叶背、叶面都要均匀喷到。目前最有效的防治方法是用硫磺熏蒸器（图 4-2 和图 4-3），在 10 月下旬进行硫磺熏蒸，每亩大棚使用 99.5% 的硫磺粉 15~20 g，每天 2 h，每周 2 次，连续 2 周，发病期可以适当延长时间。

图 4-2 蓝板防虫和硫磺熏蒸器防白粉病

图 4-3　硫磺熏蒸器

## 2. 灰霉病

【为害症状】草莓灰霉病主要危害草莓花、叶和果实，也侵害叶片和叶柄(图 4-4)。发病多从花期开始，病菌最初从将开败的花或较衰弱的部位侵染，使花呈浅褐色坏死腐烂，产生灰色霉层。叶多从基部老黄叶边缘侵入，形成“V”字形黄褐色斑，或沿花瓣掉落的部位侵染，形成近圆形坏死斑，其上有不甚明显的轮纹，上生较稀疏灰霉。果实染病多从残留的花瓣或靠近或接触地面的部位开始，初呈水渍状灰褐色坏死，随后颜色变深，果实腐烂，表面产生浓密的灰色霉层。叶柄发病，呈浅褐色坏死、干缩，其上产生稀疏灰霉。

【防治方法】①选栽抗病品种。②农业防治。改善栽培管理，实行轮作。定植前深耕，减少菌源。实行高畦、地膜覆盖栽植，防止果实直接接触地面。选择地势高燥、通风良好的地块，合理密植，避免过多施用氮肥。加强田间管理，及时摘除老叶、枯叶、病叶和病果，并带出园地烧毁或深埋，减少侵染源以及使用无滴棚膜。③药剂防治。定植前每公顷撒施 25% 多菌灵可湿性粉剂 75~90 kg，均匀耙入土中，消灭残留菌源，进行土壤消毒。发病初期可用 65% 甲霉灵可湿性粉剂 600 倍液、5% 多霉灵可湿性粉剂 800 倍液、50% 敌菌灵可湿性粉剂 400 倍液或 45% 特克多悬乳剂 800 倍液，也可选用 50% 嘧菌环胺 800~1 000 倍液、42.4% 唑醚 - 氟酰胺 1 500~2 000 倍液、50% 啶酰菌胺 1 000~1 500 倍液、40% 嘧霉胺 1 000 倍液等药剂，喷雾防治，每隔 7~10 d 喷 1 次，共喷 3~4 次，重点喷花果。保护地选用 6.5% 甲霉灵粉尘剂喷粉每亩 1 kg；也可使用腐霉利 FU80，每亩 120 g 于傍晚分散放置于棚内，点燃后闭棚过夜，连熏 2~3 次。

图 4-4　草莓灰霉病为害状

## 3. 黄萎病

**【为害症状】**草莓黄萎病开始发病时，首先侵染外围叶片、叶柄，叶片上产生黑褐色小型病斑，叶片失去光泽，从叶缘和叶脉间开始变成黄褐色萎蔫，干燥时枯死。新叶表现出无生气，变灰绿或淡褐色下垂，继而从下部叶片开始变成青枯状萎蔫直至整株枯死。被害株叶柄、果梗和根茎横切面可见维管束的部分或全部变褐根在发病初期无异常，病株死亡后地上部分变黑褐色腐败。当病株下部叶子变黄褐色时，根变成黑褐色而腐败，有时在植株的一侧发病，而另一侧健在，呈现所谓“半身枯萎”症状，病株基本不结果或果实不膨大（图 4-5）。

**【防治方法】**①轮作。及时清除病残体，烧毁或深埋；夏季进行太阳能消毒土壤；栽种无毒健壮秧苗。②栽培时，可选用多菌灵、甲基硫菌灵、恶霉灵或嘧菌酯浸根，也可栽后灌根。

图 4-5　草莓黄萎病为害状

## 4. 炭疽病

**【为害症状】**草莓炭疽病主要发生在育苗期、匍匐茎抽生期和定植初期，叶片染病为圆形和不规则形病斑，直径 0.5~2 mm，一般为黑色，有时为浅灰色，类似墨水渍，发病初期芯叶 1~2 片失水，然后整株枯死，叶柄和匍匐茎初期凹陷，形成棕褐色纺锤形病斑。草莓炭疽病是典型的高温高湿性病害，气温 30 ℃左右相对湿度 90% 以上发病严重，高温盛夏雨季极易发生（图 4-6）。

**【防治方法】**栽植密度不宜过密，重茬地注意消毒，可以在苗期喷施 25% 嘧菌酯悬浮剂 1 500 倍液、80% 代森锰锌可湿性粉剂 700 倍液、50% 咪鲜胺锰盐 750 倍液、70% 丙森锌 500 倍液、75% 肟菌 - 戊唑醇水 3 000 倍液或 60% 吡唑 - 代森联 1 200 倍液等，交替使用，5~7 d 喷施 1 次，连喷 3 次，注意整株都要喷到，定植后再喷施 1 次，可以起到很好的防治效果。

## 5. 蛇眼病

草莓蛇眼病又称草莓白斑病、叶斑病，分布较广，在我国草莓栽培区广泛发生，严重时发病率可达 40%~60%。

图 4-6　草莓炭疽病为害状

【为害症状】草莓蛇眼病主要危害叶片，大多发生在老叶上，叶柄、果梗、花萼、浆果也可受害（图 4-7）。叶片染病，最初形成小而不规则的红色至紫红色病斑，以后逐渐扩大为直径 2~5 mm 大小的圆形或长圆形病斑，病斑中心灰白色，边缘紫褐色，似蛇眼状，后期病斑上产生许多小黑点，为害严重时，许多病斑融合成大病斑，叶片枯死。果柄、花萼染病后，形成边缘颜色较深的不规则形黄褐至黑褐色斑，干燥时易从病部断开。果实染病，浆果上的种子单粒或连片受到侵害，被害种子连同周围果肉变成黑色。病菌喜潮湿的环境，病菌最适的温度为 18~22 ℃。重茬、排水不良、管理粗放的多湿地块或植株生长衰弱的田块发病重。

图 4-7 草莓蛇眼病为害状

【防治方法】①因地制宜地选栽抗病、耐病品种。②农业防治。合理轮作，控制施用氮肥，以防徒长，适当稀植；摘除老叶、枯叶，改善通风透光条件；定植后拔除病苗；科学灌水，雨后及时排水，保持通风；采收后及时清洁田园，将残、病叶集中烧毁。③药剂防治。发病初期喷淋 65% 代森锌可湿性粉剂 350 倍液、77% 氢氧化铜可湿性微粒粉剂 500 倍液、50% 敌菌灵可湿性粉剂 500 倍液、70% 甲基硫菌灵可湿性粉剂 800 倍液或 40% 氟硅唑乳油 5 000 倍液，间隔 10 d 喷 1 次，共喷 2~3 次。

## 6. 根腐病

草莓根腐病属于土传病害，是温室草莓栽培中大面积发生的病害，分为根腐病（全根腐烂）、白根腐病（根腐烂成白色）、鞋带冠根腐病（被害根似鞋带状）、红中柱根腐病（根部中株变成红褐色由内至外腐烂）、黑根腐病（根呈黑色由外至内腐烂）。

【为害症状】草莓根腐病主要表现在根部。发病时由细小侧根或新生根开始，起初出现浅红褐色不规则的斑块，颜色逐渐变深呈暗褐色。随病害发展全部根系迅速坏死变褐。地上部分先是外叶叶缘发黄、变褐、坏死至卷缩，病株表现缺水状，逐渐向芯叶发展至全株枯黄死亡。

常见的草莓红中柱根腐病(图 4-8),主要原因为土壤潮湿和低温。发病初期外观没有异常表现,在草莓生长中后期发病萎蔫,不久呈青枯状,整株枯死,初期检视根部可见根部变为褐色或黑褐色腐烂,根尖以上变红。

**【防治方法】**①选栽早熟避病或抗病品种;实行轮作;严禁大水漫灌,避免灌后积水;发病重的棚区进行高温高湿闷棚。②防治从苗期抓起,在草莓匍匐茎分株繁苗期及时拔除病苗;用 2.5% 适乐时悬浮剂 600 倍液浸根处理 3~5 min;晾干后定植,发现病株及时拔除;定植后要重点对发病中心株及周围植株进行防治;发病时采用灌根或喷洒根茎的方法防治。③发病初期,可选择 50% 甲霜灵可湿性粉剂 1 000~1 500 倍液、70% 代森锰锌 500 倍液或 70% 甲基硫菌灵 1 000 倍液喷雾防治,交替使用,7~10 d 喷施 1 次,连喷 3~4 次;也可以用 98% 恶霉灵可湿性粉剂 2 000 倍液、25% 吡唑醚菌酯 2 000 倍液、25% 嘧菌酯 2 000 倍液、1.8% 辛菌胺 - 醋酸盐 300 倍液等灌根防治,每株用药量 150 倍 200 mL,浇灌病株穴。

图 4-8　草莓红中柱根腐病为害状

### 7. 病毒病

【为害症状】草莓病毒病全株均可发生，多表现为花叶、黄边、皱叶和斑驳。病株矮化，生长不良，结果减少，品质变劣，甚至不结果；复合感染时，症状不同。在我国草莓主栽区有4种病毒，即草莓斑驳病毒、草莓轻型黄边病毒、草莓镶脉病毒和草莓皱缩病毒。①草莓斑驳病毒：单独侵染时，草莓无明显症状，但病株长势衰退；与其他病毒复合侵染时，可致草莓植株严重矮化，叶片变小，产生褪绿斑，叶片皱缩扭曲。②草莓轻型黄边病毒：幼叶黄色斑驳，边缘褪绿，后逐渐变为红色，植株矮化，叶缘不规则上卷，叶脉下弯或全叶扭曲，终至枯死。③草莓镶脉病毒：植株生长衰弱，匍匐茎抽生数量减少；复合侵染后叶脉皱缩，叶片扭曲，同时沿叶脉形成黄白色或紫色病斑，叶柄也有紫色病斑，植株极度矮化，匍匐茎抽生数量减少。④草莓皱缩病毒：植株矮化，叶片产生不规则黄色斑点，扭曲变形，匍匐茎抽生数量减少，繁殖率下降，果实变小；与斑驳病毒复合侵染时，植株严重矮化。

【防治方法】①选栽抗病品种，采用草莓茎尖脱毒技术，建立无毒苗培育供应体系，栽植无毒种苗；引种时，严格剔除带病种苗。加强田间检查，一经发现立即拔除病株并烧掉；从苗期开始防治病毒病主要传播媒介蚜虫。②发病初期，可选择氨基寡糖素、吗胍·乙酸铜、香菇多糖或盐酸吗啉胍等药剂进行防治。

## 二、草莓常见的虫害有哪些？如何进行防治？

### 1. 蚜虫

【为害症状】危害草莓的蚜虫有多种，其中以桃蚜最多。全国草莓产区多有发生，在草莓抽薹始花期大批蚜虫迁入草莓田，群居在草莓嫩叶叶柄、叶背、嫩心、花序和花蕾上活动，吸取汁液，造成嫩芽萎缩，嫩叶皱缩卷曲，畸形，不能正常展叶(图4-9)。蚜虫是传播病毒病的主要媒介，造成的损失远大于其本身危害所造成的损失。

【防治方法】及时清除田间残株、杂草，摘除老叶，减少虫源。药剂防治是目前防治蚜虫最有效的措施，控制住蚜虫，还能有效地预防病毒病。蚜虫天敌较多，有瓢虫、草蛉、食蚜蝇、寄生蜂等，应尽量少使用广谱性农药，以保护天敌(图4-10)。主要选用2.5%溴氰菊酯2 000倍液、20%杀灭菊酯2 000倍液、50%氟啶虫胺腈5 000倍液、240 g/L螺虫乙酯4 000~5 000倍液或25%噻虫嗪5 000~8 000倍液等药剂交替喷雾防治。也可用5%杀蚜烟剂，每亩用300~400 g，于傍晚闭棚时熏蒸。

图 4-9　草莓蚜虫为害状

图 4-10　释放异色瓢虫捕食蚜虫

## 2. 红蜘蛛

**【为害症状】**红蜘蛛又称朱砂叶螨、全爪螨，是保护地栽培草莓的重要害虫，在全国各地分布广泛。红蜘蛛食性杂，以成螨、若螨在叶背刺吸植物汁液，发生量大时叶片灰白，生长停滞，并在植株上结成丝网，严重时导致叶片焦枯脱落，草莓如火烧状（图 4-11）。草莓叶片越老，含氮越高，红蜘蛛易发生。粗放管理，植株长势衰弱，危害加重。

**【防治方法】**①农业防治。早春进行翻地，清除田间、地头杂草，减少虫源。收获后清除枯枝落叶，并集中烧毁。草莓育苗期间，及时摘除有虫叶、老叶和枯黄叶，并集中烧毁。②化学防治。应用 40% 三氯杀螨醇乳油 1 000~1 500 倍液，20% 螨死净可湿性粉剂 2 000 倍液、15% 哒螨灵乳油 2 000 倍液、1.8% 齐螨素乳油 6 000~8 000 倍液、20% 丁氟螨酯 1 500~2 500 倍液、43% 联苯肼酯 2 000~3 000 倍液、240 g/L 螺螨酯 4 000~5 000 倍液等

图 4-11　草莓红蜘蛛为害状

喷雾防治，喷药前应清除老叶，喷雾时将喷头从下朝上喷，使药剂均匀喷布在叶片背面。③生物防治。红蜘蛛采用释放加州新小绥螨等捕食螨进行生物防治(图 4-12)，加州新小绥螨又名加州钝绥螨，属于植绥螨科新小绥螨属，广泛分布于阿根廷、智利、美国、日本、南非、欧洲南部和地中海沿岸，能有效控制螨虫。释放方法：释放前，轻轻转动瓶子，然后打开瓶盖，将瓶子内的麦皮倒于植物叶片上，每平方米至少有 1 个释放点；或者将瓶子内麦皮全部倒于一个大盆中，然后用手抓取部分麦皮均匀撒于植物叶片上(图 4-13 和图 4-14)。④物理防治。悬挂蓝板防治蓟马、黄板防治蚜虫；还可采用杀虫灯、黄板、臭氧或静电等方法进行病虫害防治，尽量减少化学药剂，保证果品安全。也可采用臭氧发生器产生臭氧气体，经过气液混合装置可以得到浓度高达 90% 的臭氧水，臭氧水可以实现对土壤的消毒，部分臭氧气体直接导入温室内对大棚中的空气进行熏蒸消毒，防治病虫害(图 4-15)。

## 3. 蓟马

蓟马的危害呈逐年加重的趋势，在草莓上已经发展为草莓的主要害虫之一。由于草莓田间栽培环境条件有利于蓟马的发生，蓟马虫体较小，比较隐蔽，繁殖速度快，若不及时防治，就会造成毁灭性危害，严重影响草莓的生长及果实的品质(图 4-16 和图 4-17)。防治不及时容易造成“小虫成大害”结果。

图 4-12　捕食螨防治红蜘蛛

图 4-13　加州新小绥螨使用过程

图 4-14　加州新小绥螨使用在草莓叶片上的示范图

图 4-15　臭氧发生器

图 4-16　蓟马成虫

图 4-17　蓟马若虫和成虫及为害叶片

**【为害症状】**成虫、若虫群集于花内取食为害，严重的造成花朵萎蔫。一朵花内少者 3~4 头，多者 50~60 头。主要造成草莓授粉不良或畸形果大幅度增加(图 4-18)。发生高峰期在秋季或入冬的 11—12 月份，3—5 月份则是第二个高峰期。

**【生活习性】**蓟马生长发育适温范围为 25~30 ℃，在 20~30 ℃范围内成虫

图 4-18 蓟马为害草莓果实

活泼，善飞能跳，又能借风力传播。蓟马有趋嫩绿的习性，怕光。白天一般集中在叶背为害，阴雨天、傍晚可在叶面活动。成虫在清晨、傍晚取食最强烈，阴天则大多在叶背隐蔽处。阴天、早晨、傍晚和夜间才在寄主表面活动，这也是蓟马难防治的原因之一。蓟马喜欢温暖、干旱的天气，湿度过大不能存活，当湿度达到 100%，温度达 31 ℃时，其若虫全部死亡。

**【防治方法】**①根据蓟马昼伏夜出的特性，建议在下午用药；蓟马隐蔽性强，药剂需要选择内吸性的或添加有机硅助剂，而且尽量选择持效期长的药剂；如果条件允许，建议采用药剂熏棚和叶面喷雾相结合的方法。②提前预防，不要等到泛滥了再用药。在高温期间种植草莓，如果没有覆盖地膜，药剂最好同时喷雾植株中下部和地面，因为这些地方是蓟马若虫栖息地。③选择 6% 乙基多杀菌素（艾绿士）1 000~1 500 倍液、5% 啶虫脒可湿性粉剂 2 500 倍液、4.5% 高氯乳油 1 000 倍液或 5% 溴虫氰菊酯 1 000 倍液等混合喷雾防治，见效快，持效期长；为提高防效，农药要交替轮换使用；在喷雾防治时，应全面细致，减少残留虫口。

## 4. 白粉虱



**【为害症状】**大量的白粉虱成虫和幼虫密集在叶片背面吸食植物汁液，使叶片萎蔫、退绿、黄化甚至枯死，还分泌大量蜜露，引起煤污病的发生，覆盖、污染了叶片和果实，严重影响光合作用，同时白粉虱还可传播病毒，引起病毒病的发生。

**【生活习性】**在北方温室一年发生 10 余代，冬天室外不能越冬。成虫羽化后 1~3 d 可交配产卵，平均每个产 142.5 粒。也可孤雌生殖，其后代雄性。成虫有趋嫩性，在植株顶部嫩叶产卵。卵以卵柄从气孔插入叶片组织中，与寄主植物保持水分平衡，极不易脱落。若虫孵化后 3 d 内在叶背做短距离行走，当口器插入叶组织后开始营固着生活，失去了爬行的能力。白粉虱繁殖适温为 18~21 ℃。春季随秧苗移植或温室通风移入露地。

**【防治方法】**①清除前茬作物的残株和杂草。②黄板诱杀。利用白粉虱对黄色的强烈趋性，在温室内设置粘虫黄板进行诱杀(图 4-19)。③生物防治。好多天敌昆虫和寄生菌都可以防治白粉虱，常见的有草蛉、花蝽、捕食性瓢虫、丽蚜小蜂、拟青霉等(图 4-20)。具体方法有温室栽培在扣棚后，当白粉虱成虫平均在 0.2 头 / 株以下时，每 5 d 释放丽蚜小蜂成虫 3 头 / 株，共释放 3 次。丽蚜小蜂可在棚室内建立种群，有效控制白粉虱为害。④药剂防治。虫螨腈(10% 吡虫啉可湿性粉剂 1 000~1 500 倍液)、吡蚜酮、特福力、呋虫胺、25% 噻虫嗪水分散粒剂 2 000 倍液、1.8% 阿维菌素乳油 1 000 倍液、24% 螺虫乙酯悬浮剂 2 000 倍液以及啶虫脒都是可以用于草莓白粉虱的防治。采果前 15 d 应停止用药。

图 4-19　黄板防黄

图 4-20　丽蚜小蜂

# 三、草莓畸形果的防治

## 1. 草莓畸形果的发生原因

(1)品种原因。草莓一般是雌雄同株同花，但也有的品种是雌雄异株；有的虽是雌雄同株同花的完全花，但有不同的育性；有些品种易出现雄蕊短、雌蕊长的花，且花粉粒少、发芽能力弱，不易授粉；有的第一级果序是无雄蕊的雌花，也会因受精不完全而发生畸形果(图 4-21)。

图 4-21 草莓畸形果

(2)花朵级次。低级次花易出现雄性不稔，高级次花易出现雌性不稔，但前者只要有良好花粉就可正常坐果发育，而后者却不能坐果或坐果不良。一级序花一般正常果占 90% 以上，畸形果占 5% 左右，不坐果的很少；二级序花一般正常果占 80%~90%，畸形果占 5%~15%，不坐果占 5% 左右；三级序花一般正常果仅占 60%~70%，畸形果和不坐果各占 15%~20%。其主要防治措施为疏除易出现雌性不稔的高级次花，可明显降低草莓畸形果率，且有利于集中养分，提高单果重及果实品质。

(3)在草莓花芽分化期遇到 25 ℃以上或 5 ℃以下高温或低温，则使花芽分化受阻，形成畸形花，进而发育成畸形果。

(4)在开花期温度低于 5 ℃或光照不足也会使花粉稔性(具有发芽能力)降低，

授粉受精不良形成畸形果。一般果实膨大期在低温时易形成长、柔软肥大的果实；在温度过高或调节剂浓度高或重复使用易形成尖顶果；植株生长势或根系受损造成养分、水分吸收受阻形成的圆形果。

(5)开花结果期温室内相对湿度大于85%以上，花药不易开裂，子房授粉不完全，也使果实变形，形成畸形果。一般草莓花药开裂的最适湿度为30%~50%，柱头受精和花粉发芽的最适湿度为50%~60%，湿度过低或过高均不利于花药开裂，造成不能授粉受精或授粉受精不良。

(6)不同品种间差异性较大，自花授粉能力差，育性差，易出现畸形果，35 ℃的高温或0 ℃以下的低温易使花粉发芽受阻，且高温又缺乏媒介昆虫或喷施药剂导致花粉的发芽力降低而造成局部果面上没有受精发育的种子，其四周果肉不膨大，果面凹陷成不受精畸形果或凹凸果。

(7)一般现蕾到开花期土壤干旱或浇水过多、过勤，易形成畸形果，以不低于土壤最大持水量的70%为宜；果实膨大期需要较多水分，应保持土壤最大持水量的80%左右，而果实成熟期则需适当控水。

(8)根系吸水吸肥障碍，缺少磷、钾、钙、硼等各种营养元素，或水分和营养供求失调，导致果实发育不良形成畸形果。

## 2. 草莓畸形果的防治方法

(1)选择花粉量多、耐低温、畸形果少、育性高的品种，如“章姬”等。

(2)控制温度、湿度。开花坐果期应经常通风排湿、控温。白天温度保持在20~25 ℃，夜间保持在8~12 ℃，相对湿度控制在70%以下，以提高花粉的稔性，减少畸形果的发生。采用无滴膜扣棚，防止水滴冲刷柱头。

(3)疏花、疏果。疏除高级次花和畸形小果，可明显降低畸形果率，且有利于集中养分，提高单果重及果实品质。

(4)尽量避免在开花授粉期用药。

(5)花期放蜂，加强昆虫授粉。一般每个标准温室放蜂5 000只，只要温度、湿度合适，可使授粉率高达100%。同时加强棚内蜂巢中蜜蜂的活动能力，糖水不要喂太饱；调控温度湿度满足蜜蜂活动的气候条件。

(6)合理用肥。草莓采果期需要的肥量特别大，并且草莓根系较浅容易得根腐病，建议施用含腐殖酸水溶肥改善土壤，提升作物抗逆性。多施有机肥，适量施磷钾肥，少施氮肥，适当补充硼肥。

# 附录　DB13/T 2638—2017 日光温室草莓基质栽培技术规程

## 1　范围

本标准规定了草莓基质栽培基础条件、育苗、假植、定植、田间管理、病虫害防治、采收等栽培管理技术要求。

本标准适用于日光温室草莓开放式有机生态型基质栽培。

## 2　规范性引用文件

下列文件对于本文件的应用是必不可少的。凡是注日期的引用文件，仅注日期的版本适用于本文件。凡是不注日期的引用文件，其最新版本（包括所有的修改单）适用于本文件。

NY/T 393 绿色食品 农药使用准则

NY/T 394 绿色食品 肥料使用准则

NY 5104 无公害食品 草莓产地环境条件

## 3　术语和定义

下列术语和定义适用于本文件。

### 3.1　有机生态型基质栽培

基质栽培是用固体基质栽培植物的简称，利用基质固定植物根系，并通过基质吸收营养物质和氧的一种无土栽培方式。有机生态型基质栽培是以固体混合物为栽培基质，以各种有机肥的固体形态直接混施于基质中进行的基质栽培技术。

### 3.2　开放式基质栽培

开放式基质栽培是指营养液使用后直接排出外界环境，不再被循环利用的基质栽培方式。

## 4　栽培基础条件

### 4.1　设施条件

栽培设施为日光温室，设施基质栽培的产地环境条件应符合NY 5104的要求。

### 4.2 栽培条件

#### 4.2.1 栽培槽

栽培槽宽 50 cm，深 30~35 cm，长度依设施跨度而定，槽间距 50 cm，可地上或半地上式，栽培槽可用砖块、聚乙烯板、PVC 板等建造。栽培槽南低北高，坡度为 5° 左右。装填基质前，在每个栽培槽最南端建造一个比栽培槽略低的排水沟，配备集液池收集废液。

#### 4.2.2 栽培基质

4.2.2.1 基质技术指标

成品基质容重 0.35~0.5 g/cm$^3$，最大持水量 150%~240%，总孔隙度 65%~85%，pH 为 6.5~7.5，EC 值为 1.5~2.75 mS/cm。

4.2.2.2 基质配置材料选择

基质选材范围广，可根据当地情况，选择当地丰富易得、价格低廉便于处理的材料作为配制基质的原材料，如废菇料、玉米秸、麦秸、草炭等，通过高温腐熟后与一定比例的蛭石、珍珠岩等复配待用。或使用正规厂家生产的理化性质稳定的商品基质。

4.2.2.3 基质配比

基质配比可选用以下几种(体积比)：草炭：蛭石 = 1：1；废菇料：蛭石 = 1：1；秸秆：废菇料：蛭石 =1：1：2；废菇料：炉渣：蛭石 = 2：1：1。

4.2.2.4 基质铺设

栽培槽内材料的铺设顺序为：最下层铺 1~2 层聚乙烯塑料棚膜，要求完整无空隙，与土层完全隔离。膜上均匀铺入 3~5 cm 厚的炉渣(或者石子)，上铺 1~2 层无纺布，然后再装满栽培基质，基质厚度铺设 25~30 cm，2~3 年更换一次。

#### 4.2.3 灌溉设备

灌溉用聚乙烯多孔微喷带，每个栽培槽放置 2 根，置于栽培槽栽培基质表面，2 根微喷带间距 40 cm，每个微喷带前装备阀门，以控制出水大小，水量不足时需加设管道加压泵，以保证微喷效果。

## 5 育苗

### 5.1 品种选择

根据市场需求，选择高产、抗病、抗逆、品质好的草莓品种，如甜查理、红颜、红星、京藏香、京桃香、章姬等。

### 5.2 育苗方法

利用脱毒原种苗的匍匐茎繁殖法育苗，可选用苗圃育苗或穴盘基质育苗。

### 5.3 育苗时间

脱毒原种苗于前一年8月下旬至9月中旬定植，培育健壮母株。

### 5.4 母株选择

选择品种纯正、无病虫害、植株粗壮的脱毒草莓苗做母株，母株根茎粗0.6~0.8 cm，4~5片叶，株高15~25 cm。

### 5.5 苗圃育苗

#### 5.5.1 苗床准备

选择地势平坦、土质疏松肥沃、具备灌溉条件的地块。种苗定植前每亩施入腐熟的有机肥2 000~3 000 kg，氮磷钾平衡复合肥30 kg，深耕耙平，做成宽1.5 m、长15~20 m的平畦。

#### 5.5.2 种苗定植

每个育苗畦定植2行，行距70~80 cm，株距45~50 cm，定植深度为深不埋心、浅不露根，苗心与土表平齐。定植后及时浇透水，10~15 d缓苗后，检查成活率，并及时补苗。

#### 5.5.3 种苗定植后管理

5.5.3.1 水肥管理

定植缓苗后到越冬前保持苗床湿润，并根据植株长势，在休眠前随水追施1~2次肥，每次每亩施用高氮复合肥20 kg；翌年4月份，开始浇水，地面见干时及时灌水保墒，雨水充沛时，及时排水防涝，并适时追肥，根据长势追肥3~4次，5月份前施用高氮复合肥，6月份后施用高钾复合肥，每次每亩20 kg。

5.5.3.2 越冬管理

植株休眠后，一般在11月下旬至12月上旬进行保温，先用棚膜覆盖，棚膜上再盖草苫或保温被；到翌年春季3月中下旬及时清理覆盖物，避免强光照射伤害幼叶。

5.5.3.3 摘除花序

为节省营养，使草莓苗尽早发出匍匐茎，应及时摘除花序，保持匍匐茎健壮。

5.5.3.4 人工压蔓、摘蔓

匍匐茎大量发生期间，进行人工引蔓、压蔓，使匍匐茎均匀地向各方分布，尽早发根，形成匍匐茎苗。匍匐茎均匀布满畦面后，再生的匍匐茎尽早摘除。7月中下旬假植。

### 5.6 穴盘基质育苗

#### 5.6.1 育苗前准备

5.6.1.1 育苗基质

选用商品基质或自行配制，基质配方（体积比）为草炭：蛭石 = 2：1，或废菇料：蛭石 = 2：1，或草炭：废菇料：蛭石 = 1：1：1。每方基质加入腐熟鸡粪

4 kg，复合肥（N-$P_2O_5$-$K_2O$，15-15-15）1.5 kg。

5.6.1.2 穴盘选择

选用 50 孔或 32 孔草莓专用穴盘。

### 5.6.2 草莓苗繁殖

在苗圃中做宽 30 cm、高 15 cm 高畦，单行种植母株，两畦间距 1.5 m，放置穴盘。匍匐茎长出幼苗后，用压蔓器将匍匐茎固定在穴盘上，使幼苗生长在穴的中央。

### 5.7 苗期病虫害防治

### 5.7.1 主要病虫害

苗期常见病害为白粉病、炭疽病等；常见害虫有白（烟）粉虱、蚜虫等。

### 5.7.2 防治方法

以农业防治、物理防治、生物防治为主，化学防治为辅。使用药剂防治病虫害应符合农药安全使用准则 NY/T 393 的规定。

## 6 假植

### 6.1 假植前准备

假植苗床选择平整、肥力中等地块，假植前每亩施入腐熟的有机肥 2 000 kg，氮磷钾复合肥 10 kg，做成宽 1.2 m 的平畦，长度依据地形决定。

### 6.2 假植时期

苗圃育苗需假植，一般在 7 月中旬至 8 月中旬进行。

### 6.3 假植

### 6.3.1 子苗分级

将母株匍匐茎剪断，选取具有 3~4 枚展开叶的子苗挖下，根据子苗大小、粗壮程度及初生根数量分级，去除老化和弱小子苗。

### 6.3.2 子苗假植

将分级的子苗假植在苗床，行距 15 cm，株距 5 cm，栽植深度以不埋心为宜。

### 6.3.3 假植后的管理

6.3.3.1 光照管理

假植后的 7~10 d 要加盖 75% 的遮阳网进行遮荫。

6.3.3.2 水肥管理

移栽后立即灌水，并在 3~4 d 内每天浇一次小水。一周后撤除遮阳网，撤遮阳网后的 2~4 d，每天浇一次小水。叶色偏黄可追一次肥。

6.3.3.3 植株管理

假植苗存活后，要及时摘除老叶、黄叶和病叶，保持植株 4~5 枚展开叶。假植期间出现的腋芽及抽生的匍匐茎要全部摘除。

# 7 定植

## 7.1 底肥施用

### 7.1.1 底肥种类

有机肥施用腐熟有机肥或商品有机肥，化肥施用平衡复合肥。栽培基质中肥料添加应符合 NY/T 394 绿色食品　肥料使用准则。

### 7.1.2 施肥量

定植前施入底肥，栽培基质中每亩施入充分腐熟的有机肥 2 000~3 000 kg、氮磷钾平衡复合肥 30~40 kg，并与基质混匀。肥料施用应符合 NY/T 394 绿色食品　肥料使用准则。

## 7.2 起苗

苗龄在 5~6 片真叶、茎粗 0.8 cm 时起苗，注意避免伤根。将老叶去掉，幼苗保留 3~4 片无病健壮叶片，并将匍匐茎剪掉。幼苗扎成捆，保持根部湿润，尽快定植。

## 7.3 定植时期

8 月下旬至 9 月上中旬定植。

## 7.4 定植方法

将草莓壮苗定植于两条微喷带外侧，植株弓背朝向栽培槽外侧，按照“深不埋心，浅不露根”为原则，每个栽培槽定植 2 行，株距 15~20 cm，每亩种植 7 000~9 000 株。边定植边浇水，定植后浇透水。

# 8 田间管理

## 8.1 盖棚膜、覆地膜

室外平均温度在 15~16 ℃时，最低温度不低于 8 ℃时覆盖棚膜保温，盖棚膜后 10~15 d 在栽培槽上铺设地膜，将草莓苗从地膜下提出，破膜口尽量小。

## 8.2 温度管理

表 1　日光温室草莓不同生长时期温度管理

| 生长时期 | 白天温度 /℃ | 夜间温度 /℃ |
|---|---|---|
| 苗期 | 25~30 | 10~15 |
| 现蕾期 | 25~28 | 10~13，≥ 7 |
| 开花期 | 23~25 | 8~10 |
| 果实膨大期 | 20~23 | >7 |
| 果实成熟期 | 18~20 | >7 |

### 8.3 光照管理

定植后，保持温室通风良好，用 75% 的遮阳网遮荫。11 月下旬后，用补光灯进行人工补光，保证每天光照 10~12 h。

### 8.4 水分管理

定植后前 3 d，每天灌水，保持基质湿润，相对湿度 80% 左右；缓苗后到开花期适当控水，保持基质湿度在 60% 左右；其他时期结合施肥浇水，每亩每次 10~12 $m^3$，基质相对湿度保持在 70%~80%。室内空气相对湿度保持在 75% 以下。

### 8.5 肥料管理

在现蕾期、盛花期、果实膨大期、采收初期、第二穗膨大期随水施肥 5~6 次，每次每亩施 8~10 kg 复合肥，根据植株长势补施叶面肥 2~3 次。

### 8.6 植株管理

及时摘除老叶、枯叶和病叶，保持至少 5~6 片健壮无病叶片。摘除侧芽及结果后的花茎。疏除无效花、弱花和畸形花。及时摘除受精不良的畸形果、裂果、小果和病害果。

### 8.7 辅助授粉

采用蜜蜂辅助授粉方法，在开花前 3~4 d 将蜂箱放入温室，每亩温室放 1 箱蜂；或者人工用软毛笔轻轻涂花。

## 9 病虫害防治

### 9.1 主要病虫害

病害主要有白粉病、灰霉病、褐斑病及根腐病，虫害主要有蚜虫、红蜘蛛、白粉虱。

### 9.2 防治原则

以农业防治、物理防治、生物防治等生态防治为主，化学防治为辅。

### 9.3 农业防治

包括选用抗病品种，培育壮苗；加强田间管理，通过通风降湿、增温等措施降低病害发生；及时清除杂草、摘除老叶、病果，拔除病株，并带出园区深埋或销毁，减少病虫害传播源；轮作倒茬；膜下灌溉等。

### 9.4 物理防治

在防风口盖防虫网；利用黄板诱杀蚜虫、烟粉虱；夏季进行高温闷棚；利用杀虫灯诱杀等。

### 9.5 生物防治

利用天敌、性诱剂及生物制剂进行病虫害生物防治。

### 9.6 化学防治



利用高效低毒低残留化学农药进行病虫害防治，化学农药应符合《NY/T 393

绿色食品　农药使用准则》的规定。

### 9.6.1　病害防治

表 2　主要病害及化学防治方法

| 序号 | 病害种类 | 防治用农药及方法 |
|---|---|---|
| 1 | 白粉病 | 42.8% 的氟吡菌酰胺·肟菌酯悬浮剂 600 倍液、10% 苯醚甲环唑 2 500 倍液、75% 达科宁 600 倍液喷施 |
| 2 | 灰霉病 | 50% 啶酰菌胺、50% 乙霉威 + 多菌灵、800 倍液、50% 乙霉威 + 多菌多 1 000 倍液喷施 |
| 3 | 褐斑病 | 10% 苯醚甲环唑水分散粒剂 1 500~2 000 倍液稀释喷施 |
| 4 | 炭疽病 | 75% 百菌清 600 倍液、80% 代森锰锌可湿性粉剂 600 倍液、56% 嘧菌酯 + 百菌清悬浮剂 800 倍液喷施 |

### 9.6.2　虫害防治

表 3　主要虫害及化学防治方法

| 序号 | 病害种类 | 防治药剂及方法 |
|---|---|---|
| 1 | 烟粉虱、蚜虫、斑潜蝇 | 25% 噻虫嗪水分散剂 2 000~3 000 倍液、10% 吡虫啉可湿性粉剂 1 000 倍液防治 |
| 2 | 红蜘蛛、螨类 | 1.8% 阿维菌素乳油等防治 |

## 10　采收

草莓浆果有 2/3 着色时采收。成熟高峰期每 1~2 d 采收 1 次，采收时要带果柄，不伤萼片，在距萼片 1 cm 处折断，分级包装，切忌挤压。剔出畸形果、病虫果，分级包装后及时上市。

# 参 考 文 献


［1］路河．棚室草莓高效栽培 [M]. 北京：机械工业出版社，2018.

［2］陈新平，吴长春，等．温室草莓高效优质生产技术 [M]. 北京：中国农业出版社，2019.

［3］张志恒．草莓园生产与经营致富一本通 [M]. 北京：中国农业出版社，2019.

［4］杨莉，杨雷，李莉．图说草莓栽培关键技术 [M]. 北京：化学工业出版社，2015.

［5］邓明琴，雷家军．中国果树志：草莓卷 [M]. 北京：中国林业出版社，2005.

［6］张志宏，等．图说草莓棚室高效栽培关键技术 [M]. 北京：金盾出版社，2000.

［7］王久兴，王淑华，齐福高．图说草莓栽培关键技术 [M]. 北京：中国农业出版社，2010.

［8］郝保春，杨莉．草莓病虫害诊断与防治原色图谱 [M]. 北京：金盾出版社，2012.

［9］杨莉，郝保春．草莓优质高产栽培技术 [M]. 北京：化学工业出版社，2011.

［10］张运涛，王桂霞，董静．无公害草莓安全生产手册 [M]. 北京：中国农业出版社，2008.

［11］雷家军．有机草莓栽培实用技术 [M]. 北京：化学工业出版社，2014.

［12］周晏起，卜庆雁．草莓优质高效生产技术 [M]. 北京：化学工业出版社，2012.

［13］唐学芹．日光温室草莓栽培技术 [J]. 种子科技，2020（4）：47-48.

［14］谭树亮．大棚草莓栽培技术要点 [J]. 果树资源学报，2020（3）：31-32.

［15］姚宝林．日光温室草莓栽培技术 [J]. 农业技术与装备，2020（5）：139-140.

［16］吴晓云，高照全，李志强，等．国内外草莓生产现状与发展趋势 [J]. 北京农业职业学院学报，2016，4 ：22-24.

［17］马跃，刘爱群，滕龙，等．辽宁地区日光温室草莓高效栽培技术 [J]. 园艺与种苗，2020，40（2）：2.

［18］韩磊．设施草莓促早熟栽培技术试验 [J]. 农业科技通讯，2020，12 ：105-108.